世界でいちばん素敵な
海の教室

The World's Most Wonderful Classroom of Sea

はじめに

みなさんは、「海」と聞いてなにを思い浮かべますか?
紺碧の海と白い砂浜のリゾート、
サンゴ礁を泳ぐ色とりどりの熱帯魚。
それとも、大きな波に翻弄される大きな船や
深海に潜む巨大なダイオウイカ……。
それぞれが思い描く海はさまざまですが、
共通するのは、「多様性」「神秘的」「大きな存在」
といったイメージではないでしょうか。

科学的にも神話的にも、海はすべての生命の源です。
母なる海に、人々は知らず知らずに惹かれます。
本書では、あらゆる観点から「海」に光を当て、
その大いなる謎を解き明かす小さなヒントを提供しています。
みなさんが知らなかった意外な海の側面を知って
新しい視点で海に出かけて、海を眺めてみてください。
きっと、すばらしい発見ができるはずです。

Contents
目次

P2	はじめに	P46	流氷はどうやってできるの？
P6	海はどうして青いの？	P50	コラム 海の色
P10	海の水はどうして塩辛いの？	P52	海はむかしからあったの？
P14	波はどうしてできるの？	P56	エベレストがむかしは海の底だったって、本当？
P18	潮の満ち引きはどうやって起きるの？	P60	幻の大陸「ジーランディア」は本当にあったの？
P22	海流はどうしてできるの？	P64	島はどうやってできるの？
P26	海の透明度はどうやって調べるの？	P68	サンゴ礁はどうやってできるの？
P30	世界の三大洋ってなんですか？	P72	サンゴ礁がつくった絶景を教えて。
P34	日本の海の広さはどれくらい？	P76	白い砂浜はどうやってできるの？
P38	どの深さからが「深海」なの？	P80	コラム 海の彩り
P42	南極と北極って、どう違うの？	P82	魚はどうやって生まれたの？

P86　海洋生物の分類を教えて。	P128　古代には海で、どのような戦いがあったの？
P90　深海にも生物はいるの？	P132　チャレンジャー号の探検航海について教えて。
P94　海の食物連鎖について教えて。	P136　海とのコラボで有名な建造物を教えて。
P98　ペンギンは、なぜ海での生活を選んだの？	P140　海が舞台になった有名な文学作品は？
P102　漁業はいつ頃から始まったの？	P144　有名な海の神様を教えて。
P106　世界ではどれくらい魚が獲られているの？	P148　日本の神話にも海は登場するの？
P110　海の力は利用できないの？	P152　地球以外の星に海はあるの？
P114　海底からどれくらいの石油を掘っているの？	P156　おわりに
P118　コラム　海の癒し	P157　監修者プロフィール／主な参考文献
P120　古代の人はどうやって航海していたの？	P158　クレジット一覧
P124　大航海時代は、どのようにして始まったの？	

Q 海はどうして青いの？

ナガンヌ島（沖縄県）のサンゴ礁。海底の砂が白いと、より強く青を反射します。

A
海水が太陽光の青だけを
はね返すためです。

Q 海はどうして青いの？

目に飛び込んでくるのは、海中ではね返った青い光です。

白っぽい太陽光には、さまざまな色の光が混ざり合っています。
色の違いは光の波長の違いで、
波長が短い方から紫、藍、青、緑、黄、橙、赤に見えます。
太陽光が海の中に入ると波長の長い赤などは吸収され、
波長の短い藍や青はあまり吸収されません。
それが水分子や水中の微粒子などに当たってはね返ると、
私たちの目に飛び込んで青く見えるのです。

Q 青にもさまざまな色合いがあるのはなぜ？

A 青の波長にも幅があるためです。

海中に入った光をはね返す物質にはさまざまなものがあります。水分子のほかに、海底の砂や石、プランクトン、浮遊している微粒物質などです。物質により特定の波長の光が吸収され、吸収されなかった光が反射します。そのため、反射する光も物質によって異なるので違った見え方をするのです。

太平洋の明るい青の海。

小笠原の深い青い海。この青はボニンブルーと呼ばれます。

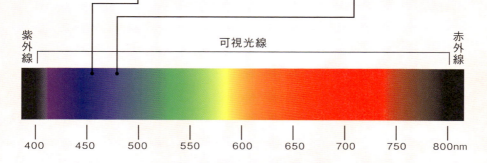

沖縄県石垣島・川平湾のエメラルドグリーンの海。プランクトンが少なく、海底が白砂のため青に白が混ざって緑がかった青になります。

 熱帯の海はなぜ美しい青色なの？

A 透明な海水と白い砂の海底のおかげです。

熱帯の海の浅いところは栄養分が少なく植物プランクトンがあまりいないのできれいな透明です。その上、サンゴ礁が作った白い砂の浅い海底は、光を均等にはね返すので、その「白」と「青」が混じって美しい色になるのです。

 夜の海が黒く見えるのはなぜ？

A 月の光がとても弱いためです。

月の光は太陽に比べてとても弱く、満月でもおよそ37万分の1の明るさです。弱い懐中電灯で夜の海を照らしても海中が見えないのと同じで、エネルギーの少ない月の光は海の水を透過できないので黒っぽい色にしか見えません。

満月に照らされる夜の海。月の弱い光は海に反射してしまい、黒に近い青になります。

Q
海の水はどうして塩辛いの？

A
ナトリウムと塩素が
溶け込んで塩ができるからです。

イタリア・シチリア島、サリーネの塩田。古くから人は、海水中の塩分を取り出して活用してきました。

Q 海の水はどうして塩辛いの？

塩の"もと"が陸上から流れ、長い年月をかけて濃くなりました。

陸地の長石などの岩石に含まれていたナトリウムイオンは、川の水に溶けて海に運ばれてきます。
火山ガスや花崗岩（かこうがん）から海に溶け出した塩素イオンとこのナトリウムイオンが結びつくと、塩化ナトリウム、つまり"塩"になります。
長い年月をかけて塩分が濃くなり、人間の舌には塩辛く感じるのです。

Q 場所によって塩分に差はあるの？

A 川や雨の量、日差しの強さで変わります。

海の塩分は平均約3.5％ですが、川の流入や雨の多いところでは淡水によって薄められ、日差しが強いところでは水の蒸発が進み濃くなります。この作用で大西洋は若干塩分が濃いことが知られていて、この塩分の差が、パナマ運河を挟んだ大西洋と太平洋の海面の高さの差を生んでいます。

太平洋と大西洋を結ぶパナマ運河は、1914年に開通しました。閘門（こうもん）と呼ばれる水門で水位を上下させて、船を行き来させる仕組みです。

Q2 将来、海の塩分は変わるの?

A 当分の間は、いまと変わりません。

海底の地層水に含まれる塩分は、長い時間をかけて陸に移動して岩塩となり、再び川の水に溶けて海へやってきます。このサイクルのバランスが絶妙にとれているため、塩分は変わりません。ただし、50億年ほど先の未来になると海水がマントルにしみ込んだり、太陽が膨張して海水温が高くなり蒸発したりすることで、海水が減っていくので、塩分はどんどん濃くなると考えられています。

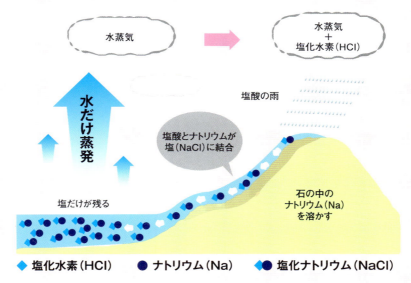

Q3 塩はどうやって精製されるの?

A 不純物を取り除いて、塩だけを残します。

むかしは、砂の上で海水を干し、浮き出た塩を砂ごと再び海水に溶かすなどした濃い塩水を、釜で煮詰めてつくっていました。いまは、電気の力で塩分を選んで通す膜を使って海水の塩分を6倍程度に濃くし、これを煮詰めて作っています。

「沖縄の海塩 ぬちまーす」の製塩室。

Q
波はどうしてできるの？

しけの日本海（鳥取県・岩美町）。しぐれが上がり、空には時雨虹がかかっています。

A
風、潮汐、温度差、
自転の影響などでできます。

Q 波はどうしてできるの？

風が海面に上下動を起こし、これが伝わって波になります。

波を起こす目に見えて分かりやすい原因は"風"です。
風が吹くと摩擦で海面に起伏ができ、
持ち上がった海面は元に戻ろうとして同じ分だけ下にへこみます。
この上下動が伝わって波になるのです。
このほか、潮汐（P18）、温度差（P22）、自転の影響（P18）など、
海水を動かすさまざまな力が波を起こす原因になっています。

Q 砂浜に寄せた波は、海に戻っていくの？

A 寄せる波と引く波が打ち消し合います。

「寄せては返す」と言われる通り、陸地へ寄せてきた波は、陸地にぶつかると戻る波となり海へ返って行きます。その際、後から寄せてくる波と打ち消し合い、やがて消えてしまいます。後から寄せてくる波は戻る波を乗り越えてくるので、戻る波は見えないことが多いのです。

寄せる波と引く波のせめぎ合いで、波打ち際では、複雑な水の動きが見られます。

セイルボードは、風を受けたセイルに発生する揚力と、重力により波の斜面を滑り降りる推進力を主な動力源として水面を滑走するウォータースポーツです。

Q2 サーフィンができるような大きな波が生まれる地形の特徴は?

A 急に浅くなる海は、大きな波ができやすくなります。

サーフィンで有名なハワイのオアフ島は、南極圏やアリューシャン列島周辺の暴風圏で発生した波が大きくなりながら、ほかの陸地にぶつかることなくはるばるやってきます。岸に近づき島の周囲で急に浅くなる岩盤に乗り上げると、サーフィンに適した大きな波になるのです。

Q3 波による災害について教えて。

A しけでの難破や津波被害を引き起こします。

波はときとして恐ろしい一面を見せます。二方向からの波がぶつかって頂が高くなる"三角波"は、しけのときには、波高が20〜30mにも及ぶことがあり、船体を折るような海難事故を引き起こすこともあります。"津波"も地震が起こす波の一種で、2011年3月の東日本大震災では、地上に達した最高点は40mを超えました。

Q
潮の満ち引きは
どうやって起きるの？

熊本県・御輿来海岸の夜景と満月。潮の満ち引きで、干潟の光景は一変します。

A
月や太陽の引力によって起こります。

Q 潮の満ち引きはどうやって起きるの？

月や太陽に近い海面は引力で、反対側は遠心力で膨らみます。

地球は月と引力で引っ張り合って公転しています。
月に面した側の海は月の引力で引っ張られ、
反対側は遠心力で膨らんで満潮になります。
地球は自転しているので、膨らんでいるところが移動し、
地球上の1つの地点でみると、
規則的に1日に2回ずつ潮の満ち引きが起こります。
同じ理屈で太陽によっても潮の満ち引きが起こります。

Q 「大潮」「小潮」ってなに？

A 太陽と月の引力や遠心力が合わさるのが「大潮」です。

太陽と月と地球が一直線に並ぶ満月や新月のときは、潮の満ち引きを起こす月と太陽の引力や遠心力が合わさるので、干満の差が最大となる大潮になります。逆に、地球を中心に月と太陽が直角になるときは力が分散され、小潮になります。

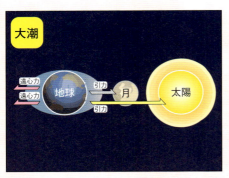

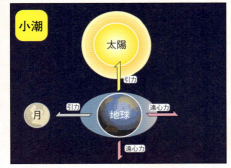

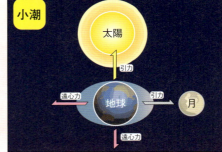

Q2 鳴門のうず潮も、潮の満ち引きが原因なの?

A 潮流が狭い海域を通ることによってできます。

鳴門海峡は狭く、潮の満ち引きで起こる潮流は一気にここを通過します。海峡の海底は深い「V」の字になっていて、水深の深い中央部は抵抗が少なく潮流が速くなり、水深の浅い両端は抵抗が大きく潮流が遅くなるため、スピードに差が出て渦が発生するのです。

鳴門のうず潮を観測する船が運行されていて、間近で観測することができます。

Q3 潮の満ち引きの差は、大きいところでどれくらい?

A カナダのファンディ湾では17mにもなります。

カナダの東海岸にあるファンディ湾は世界でいちばん干満の差が大きいことで知られています。湾内に潮の満ち引きによる波が進入すると地形によって増幅される「共振」が起こるため、干満の差がなんと17mにもなるのです。

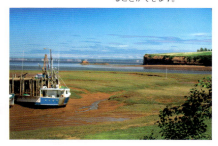

ファンディ湾のように干満の差が大きい地域では、しばしば底を地面につけた船を見ることができます。

Q 海流はどうしてできるの？

バラクーダの群れ。魚は海流に
のって群れで移動します。

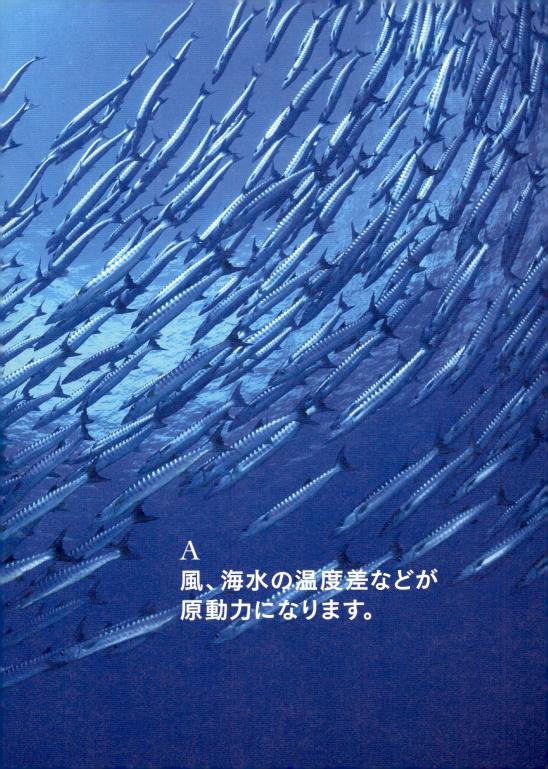

A
風、海水の温度差などが
原動力になります。

Q 海流はどうしてできるの？

海水の温度・塩分差は深層海流を、洋上の風は表層海流を生みます。

洋上を渡る風は海水を動かす原動力になります。
ここに地球の自転の影響も加わり、海中の浅いところに表層海流が生まれます。
また、温度が低く、塩分が濃い海水は密度が高いため沈もうとし、
逆に密度が低い海水は浮かぼうとするため、
これが原動力となって海中の深いところに深層海流が生まれます。

① 海流は時計回りって本当？

A 地球の自転の影響で北半球では時計回りになります。

貿易風や偏西風など年間を通じて一定方向に吹く風は、海面で摩擦を起こし表層海流を生みます。このとき、海流の進行方向は、地球の自転の影響を受け、北半球では右向きへ作用する力が働き時計回りの海流ができやすくなります。同じ理屈で、南半球では、反時計回りの海流ができやすくなります。

② 海水は循環しているの？

A 海の深層を流れる地球規模の海洋循環があります。

塩分の濃い大西洋の海水は、北部で冷やされると深く沈み、深海を南極海へと巡ります。また、南極海でも、氷ができるときに塩分が濃縮された冷たい海水が沈みます。海氷は真水なので、まわりの海水は塩分が濃集して重くなるのです。合わさった流れは、太平洋やインド洋を巡るうちに暖められて表層へ戻り、北大西洋で再び冷やされ深層に沈みます。この海洋循環のことを熱塩循環と呼んでいます。ちなみに、このひと巡りには、なんと2000年もかかります。

グリーンランドにあるエキップ氷河をめぐるクルーズ。熱塩循環のスタート地点の1つが、グリーンランド付近にあります。

暖流と寒流の違いを教えて。

赤道地域でできるのが暖流、極域でできるのが寒流です。

赤道地域で太陽の熱で暖められた海水が高緯度地域へ移動するのが「暖流」。日本で有名なのは「黒潮」です。対して、北極や南極のまわりで冷やされた海水が中緯度へと移動するのが「寒流」。日本で有名なのは「親潮」です。栄養に富み魚がよく育つため「親」の名がついています。

★COLUMN1

海流が止まると地球はどうなる？

海流は、地球上の暑い地域の熱を寒い地域に届けています。もし、海流が止まると、地球の寒暖の差が激しくなり、人間が住みにくい環境になります。また、熱塩循環によって深海へ酸素が運ばれているため、その供給が止まると深海の生物は死滅してしまいます。海流との因果関係は分かりませんが、1億年前、2.5億年前に、海中の広範囲で酸素が欠乏した「海洋無酸素事件」が起こり、生物の大量絶滅が起こったと考えられています。

Q
海の透明度は
どうやって調べるの？

イタリア、ランペドゥーザ島の海に浮かぶボート。
まるで空中に浮かんでいるようです。

A
「透明度盤」を使います。

Q 海の透明度はどうやって調べるの？

白い円盤を水中に沈めれば、海の透明度が分かります。

海の透明度は「透明度盤」を使って調べます。
直径30cmの白い円盤をロープで吊るして水中へゆっくり沈め、
肉眼でどれくらいの深さまで見えるかを調べ、単位は「m」で表します。
この円盤は、1865年にイタリアの天文学者アンジェロ・セッキーが
地中海の透明度を調べるために考案したもので、
「セッキー盤」とも呼ばれます。
アメリカ人が改良した白黒タイプの透明度盤もあります。

① 透明度盤は最大で何mまで見えますか？

A 100mくらいまで見えることもあります。

淡水の場合、透明度が高ければ100mくらいまで見えることもあります。たとえば、鍾乳洞の湖の水は透明度が高いことが多く、岩手の龍泉洞の湖は、深さが105mほどありますが、濁りが全くないので湖底が透けて見えるほどです。

透明度盤の1種・セッキー盤は、イタリアの天文学者、アンジェロ・セッキが考案しました。

② 海の透明度はなにで決まるの？

A 「懸濁物(けんだくぶつ)」の量です。

「懸濁物」とは、水中に溶けずに浮遊している物質の粒子のことです。そのほとんどはプランクトンで、ほかに砂、泥、生物の死骸など、漂う固形物の粒子はなんでも当てはまります。これらの量が多いと光が通りにくくなり透明度は低く、逆に少ないと光をよく通すので透明度は高くなります。

透明度の高いモルディブの海では、シュノーケリングでもさまざまな魚を目にすることができます。

Q3 透明な海で有名なのは？

A パラオ、モルディブ、ココ島の海が有名です。

ミクロネシアのパラオ、インド洋の島国・モルディブ諸島、中米コスタリカのココ島などで透明度の高い海が見られます。四季の少ない熱帯の海では、深いところと浅いところの海水が混ざらず栄養分が深くにとどまるので、浅いところの植物プランクトンがあまり育たず、透明度が保たれるのです。

パラオの海で、陽光を浴びて悠然と泳ぐカメ。透明度が高いので、太陽光が深くまで届きます。

Q
世界の三大洋って
なんですか？

高知県の浦ノ内須ノ浦付近からのぞむ、
波穏やかな太平洋。Pacific Ocean は、
マゼランが名付け親と言われています。

A
太平洋、大西洋、インド洋のことです。

Q 世界の三大洋ってなんですか？

いつまでも平穏であってほしいと、願いが込められた海があります。

地球上の海におおわれた部分を
太平洋、大西洋、インド洋、北極海、南極海の
5つの海に分けたうち、大きい方から3つの海である
太平洋、大西洋、インド洋を三大洋と言います。
太平洋と大西洋をそれぞれ南北に分けて、
ほかの大洋と合わせて全部で七大洋と呼ぶこともあります。

① 三大洋の境界はどこ？

A 大陸の最南端部から南極海に向かう経線です。

三大洋の境目は各大洋に挟まれる大陸の最南端部から南極海に向かって下ろした経線です。インド洋と太平洋の境目は少し複雑で、マレー半島からオーストラリア大陸の間は東南アジアの島々を縫うように抜けます。これは、国際水路機関（IHO）が作成している『大洋と海の境界』の海図に基づいて決められています。

② 三大洋で、いちばん大きいのは？

A 太平洋です。

いちばん大きいのは太平洋で、面積は1億6980万km²。地球表面のおよそ3分の1を占めています。はるかむかしは、パンゲア超大陸を囲んでいた海の一部でしたが、地殻変動で超大陸が分かれ、ほかの大洋が誕生し、いまの大きさになりました。

手つかずのビーチが残るニューギニア島は、太平洋とインド洋の境界に位置します。

太平洋
アジア（ユーラシア大陸）、オーストラリア、南極、南北アメリカ大陸に囲まれた海。南北に分けられる。
大西洋
ヨーロッパ（ユーラシア大陸）とアフリカ大陸、アメリカ大陸に囲まれた海。南北に分けられる。
インド洋
アジア（ユーラシア大陸）とオーストラリア、アフリカ大陸に囲まれた海。
北極海
ユーラシア大陸、北アメリカ大陸、グリーンランドに囲まれた海。
南極海
南極大陸のまわりを囲む海。南緯60度以南の海域と規定されている。

太平洋の名前の由来は？

A おだやかな海を見たマゼランが名付けました。

16世紀にマゼランが目指したのは、スペインからアメリカ大陸を越えて地球を一周し、出発点へ戻ること。その航海は困難を極めたものでした。部下の反乱やマゼラン海峡の難所を越え、やっとの思いで太平洋に出たとき、いつまでも平穏な海であって欲しいと「マル・パシフィコ（太平洋）」と名付けました。

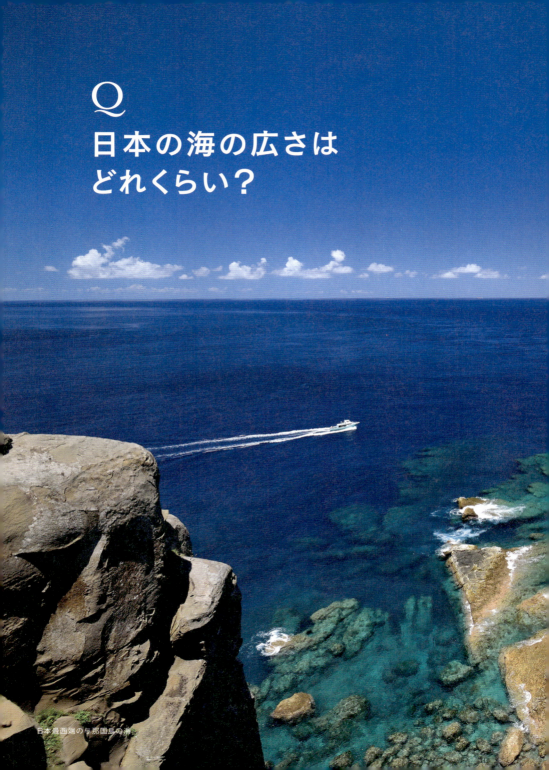

Q 日本の海の広さはどれくらい？

日本最西端の与那国島の海

A
世界で6番目の広さを誇ります。

Q 日本の海の広さはどれくらい？

領海と排他的経済水域で約447万km²の広さがあります。

日本の国土の面積は約38万km²で、
世界で61番目と決して広くはありません。
しかし、領海と排他的経済水域（P105）を合わせた面積は約447万km²あり、
世界で6番目の広さを誇ります。日本の海を大きくしているのは、
南北に長い日本列島をはじめとした大小6852の島々で、
とりわけ小笠原諸島、沖ノ鳥島、南鳥島、大東諸島などの離島が、
面積をさらに押し広げています。

日本の海でいちばん深いところはどこ？

A 水深9780mの伊豆・小笠原海溝です。

日本の海でいちばん深いところは本州の南につながる伊豆・小笠原海溝（9780m）です。ここは太平洋プレートとフィリピン海プレートの境界に当たります。日本の周囲では4枚のプレート（P59）がひしめき、活発な地殻活動を起こし、複雑な海底地形を造り出しています。

最北端 択捉島のカモイワッカ岬

日本海溝

伊豆・小笠原海溝

平坦な南鳥島は三角形をしています。

最西端 与那国島

最南端 沖ノ鳥島

沖ノ鳥島は小さな環礁。観測施設で気象・海象観測が行われています。

最東端 南鳥島

駿河湾から望む富士山。駿河湾の最深部は2500mに達し、深海魚研究の中心地となっています。

② 日本のまわりの海はどうできたの？

A 大陸から日本列島が分離するのに伴いできました。

およそ1600万年前にユーラシア大陸の東縁部が割れ、日本列島が離れていくのに従い日本海が生まれました。その後、日本列島は100万年くらいかけていまの位置に移動しました。地形が変化するにつれ、周囲の潮の流れも変化し、時代によって南から北からと生物が流入していまの姿になりました。

③ 日本の海は生物の種類が多いって本当？

A 本当です。

南北に長い日本列島はいくつもの気候帯を通り、海底地形はバラエティに富み、周囲には寒流や暖流が流れ、火山活動や季節の変化もあります。多様な環境は生物多様性を高め、全世界の海洋面積の1.2%に過ぎない日本の排他的経済水域には、全世界の生物種の実に14.6%が棲息していることが分かっています。

深海に生息するクラゲのなかま、シンカイウリクラゲは、繊毛に光が当たると反射して光ります。

Q
どの深さからが「深海」なの?

A
水深200mより深いところが「深海」です。

Q どの深さからが「深海」なの？

太陽の光が届かなくなる
水深200m以下が深海です。

一般的に、深海とは水深200mより深い海のことをさします。
なぜかというと、これより深くへは太陽光がほとんど届かないため。
ここより下では植物プランクトンは光合成を行えず、
生物は太陽エネルギーを直接利用することができなくなるからです。

Q 世界でいちばん深いところはどこ？

A マリアナ海溝のチャレンジャー海淵（かいえん）です。

日本の南約2700km、グアム島近くのマリアナ海溝にあるチャレンジャー海淵は、1951年に英国の海洋調査船「チャレンジャー8世号」が発見しました。1993年、日本の調査船「拓洋（たくよう）」などの測定結果を元に、GEBCO（大洋水深総図）指導委員会で深さ1万920±10mと正式に認定されました。

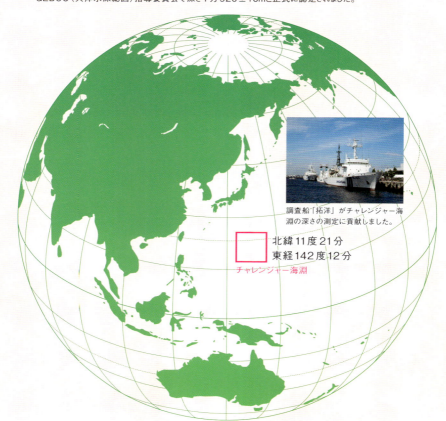

調査船「拓洋」がチャレンジャー海淵の深さの測定に貢献しました。

北緯11度21分
東経142度12分

チャレンジャー海淵

Q2 水深はどうやって測るの?

A 音波で測ります。

船から海底に向かって発射した音波が、海底で反射して船へ返ってくるまでの時間から海の深さを測ります。音波が水中を伝わる速さは温度や塩分によって変わるため誤差が生じ、補正が必要になります。ただし、補正が効くのはせいぜい2000mと言われています。

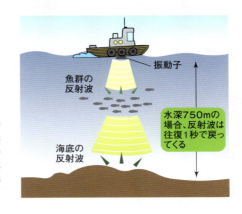

水深750mの場合、反射波は往復1秒で戻ってくる

Q3 世界中の海水の量はどれくらい?

A 約13億5千万km^{3}です。

海は地球の表面のおよそ7割を占めています。その面積はおよそ3億6千万km^{2}で、体積は13億5千万km^3。平均の水深はおよそ3700mで富士山の高さとほぼ同じです。もし、海水だけを集めて宇宙空間に浮かべたら、直径が1400km(東京〜鹿児島間)くらいの球になります。

Q4 魚はどれくらい深いところまで生息できるの?

A 最近、水深約8200mで発見されました。

2017年8月、太平洋にあるマリアナ海溝の水深8178mのところで無人カメラが魚の姿を捉えました。シンカイクサウオという種類で白いオタマジャクシのような姿をしています。8200mより深くなると魚類は生息できないという仮説があるので、その限界ギリギリの深さでの発見となりました。

★COLUMN2★

深海への人類の到達

人類が初めて最も深い海に到達したのは1960年のこと。ベルギーの科学者アウグステ・ピカールが開発した深海有人潜水調査艇「トリエステ号」が、ピカールの息子ジャックとアメリカの海軍中尉ドン・ウォルシュを乗せ、水深1万mを超えるマリアナ海溝のチャレンジャー海淵へ到達しました。このとき、海の最深部にも多くの生き物がいることが確認されました。この成功が、人類による本格的な深海探査の時代の幕開けとなったのです。

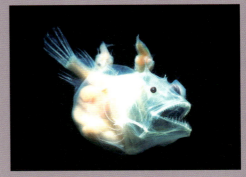

深海に生息するチョウチンアンコウ。

Q 南極と北極って、どう違うの？

北極圏の海に浮かぶ氷の上を歩くホッキョクグマの親子。シロクマとも呼ばれるホッキョクグマは、北極圏にだけ生息する動物です。

A
南極は大陸ですが、
北極には陸地がありません。

Q 南極と北極って、どう違うの?

南極点は大陸に囲まれ、北極点は氷が浮いているだけ。

南極は極点を大陸が囲んでいますが、北極は極点に陸地がなく、
夏でも溶けない多年氷という氷が浮いているだけです。
仮に北極に基地をつくっても、漂う氷とともに移動して、
最終的には大西洋に流出する恐れがあります。
そのため、南極の昭和基地のような常設の基地はつくれません。

Q 北極に陸地がないことが分かったのはいつ?

A 19世紀にナンセンが北極海を漂流したときです。

1893年、探検家のナンセンは、調査船「フラム号」と共に北極海の氷に閉じ込められました。ナンセンは仲間1人と犬ぞりで北極点へ向かい、フラム号は氷に閉ざされたまま漂流を続け、それぞれ帰還したのは3年後。北極点到達は叶わなかったものの、この漂流で北極には陸地がないことが判明したのです。

カナダ・ノースウエスト準州の凍った北極海。氷の下に陸地はありません。

ノルウェーの北極圏にも生息するホッキョクギツネ。冬期は保護色になる白い冬毛に生え変わります。

Q2 それぞれの海には、どんな生き物が棲んでいるの？

A 南極にはペンギン、北極にはホッキョクグマがいます。

ペンギンは南極にいますが、北極にはいません。南半球で進化したペンギンは暑い熱帯を越えられなかったと考えられています。一方、北極にはホッキョクグマやホッキョクギツネなどの動物がいますが、南極にはいません。北極は大陸に囲まれ氷づたいに渡ることができましたが、南極は孤立した大陸であるため渡れませんでした。

Q3 南極や北極の魚はなぜ凍らないの？

A 血液中に不凍性タンパク質を持っています。

海水の氷点はマイナス1.8℃。海面が凍るような海では、魚も凍ってしまうように思えるかもしれません。実は北極海や南極海の魚の血液中には、不凍液の働きをする不凍性タンパク質があり、そのために凍らずに活動することができるのです。

コオリウオのなかまは南極の海に生息しています。

Q 流氷はどうやってできるの？

北海道・羅臼町の海岸に漂着する流氷。オホーツク海沿岸には、毎冬、流氷が漂着し、多くの観光客が訪れます。

A
海水からと雪からの2種類があります。

Q 流氷はどうやってできるの？

海水が凍った海氷（かいひょう）と、雪からできた氷は別モノです。

何気なく「流氷」と言われているものには、
実は2種類あり、厳密には違うものです。
1つは海の水が凍ったもので、正確には「海氷」と言います。
もう1つは陸地に降り積もった雪が重みで氷床（ひょうしょう）になり、
海にはみ出してちぎれ流れ出た氷。
前者は北極で、後者は南極で多くできています。

Q 流氷はしょっぱいの？

A 普通はしょっぱくありません。

陸上の氷床が流れ出た流氷は当然しょっぱくありません。ウィスキーに入れるとパチパチ音を立て大変に美味です。海氷も、凍るときは真水の成分が先に凍り塩分は外に放出されてしまうのでしょっぱくありません。ただ、急速に固まった場合など塩分がところどころ残っている場合は、わずかに塩の味がします。

網走流氷観光砕氷船「おーろら」。オホーツク沿岸は、海が凍る南限です。

流氷の上に寝そべるゴマフアザラシ。

絶滅危惧種のオジロワシも観察できます。

日本でも流氷は見られるの？

 知床などオホーツク海沿岸で見られます。

ロシアのアムール川河口付近のオホーツク海は北半球において海氷ができる海の南限。冬のユーラシア大陸から吹いてくる季節風が運んでくる寒気は、この海を凍らせ、3月ごろには知床や国後・択捉まで海氷が流れてきて海面を覆います。

冬期には流氷を見るために、多くの観光客が訪れます。

氷は東カラフト海流に乗ってサハリン東岸に沿って流れ、北海道までやってきます。

海の色

季節や時間、天候によって、青から白、茜色から黄金色……
とさまざまな色に変わる海。
一瞬たりとも同じ表情を見せることはありません。

紺碧の海と真っ白なクルーザーのコントラスト。

朝日を浴びて、黄金色に輝く海。

マジックアワーの薄紫色と、乳白色の海。

夜明け間近、茜色に染まる静岡の漁港。

Q
海はむかしからあったの？

マグマオーシャンを想起させるエチオピアの
活火山、エルタ・アレ。

A
太古は、マグマオーシャンで
覆われていました。

Q 海はむかしからあったの？

原始地球は隕石が衝突した熱で地表が溶けたマグマの海でした。

ある時期までの原始地球は地表が熱でドロドロに溶けた
「マグマオーシャン（マグマの海）」で覆われていました。
その温度は1600℃とも言われています。
地球は、隕石などがぶつかり合ってできたので、
その衝突のエネルギーが熱に変わったためです。
水で満たされた現在の海とはかなり違いますが、
ある意味、流体で満たされた「海」だと言えるのです。

① 海の水はどうやってできたの？

A 長い豪雨が続き、海ができました。

地球誕生時にぶつかり合った隕石には水分が含まれていたと考えられています。初めはマグマオーシャンが高温だったため、水分は揮発して大気中に漂っていましたが、やがて地球が冷えると、長い豪雨となって地表に降り注ぎ、塩酸や硫酸などマグマの成分が溶けた酸性の海ができたと考えられています。

② 誕生間もない地球の様子を知る手がかりはないの？

A ハワイのキラウエア火山などからうかがい知ることができます。

マグマオーシャンに覆われた地球の原始の姿は、火山から流出する溶岩流を見るとうかがい知ることができるでしょう。例えば、いまも活発な火山活動が続き、溶岩の流出が見られるハワイのキラウエア火山は、その代表例です。

溶岩流が流れ出しているハワイ島のキラウエア火山。

Q3 生命はどのようにして誕生したの？

A 海底の熱水孔で生命が誕生したと考えられています。

生命は深海底の熱水噴出孔のような高温の熱水が噴き出している環境で誕生したと考えている研究者が多くいます。熱水噴出孔のまわりには、生物のルーツを遡ったときにいちばん根元に当たるような微生物がたくさん存在しているからです。ただ、どのようにして生命が合成されたかは、まだ分かっていません。

Q4 酸素はどのようにして地球上に広まったの？

A シアノバクテリアが光合成をはじめたのがきっかけです。

いまから27億年前ごろ、地球の環境を激変させる大事件が起こりました。「シアノバクテリア」が誕生し、光合成を行って、海水中に酸素を放出し始めたのです。酸素はやがて大気中に放出され、オゾン層を形成して紫外線をカットし、生物が陸上で生活できる環境を整えました。

オーストラリア西海岸、シャーク湾のハメリンプールに自生するストロマトライトの表面には、シアノバクテリアが棲みついています。

★COLUMN3★
熱水噴出孔での生命誕生

熱水噴出孔は1977年にガラパゴス諸島沖で初めて発見されました。その存在が知られたことは、生命誕生の秘密を解く大きなヒントとなりました。原始の生命は、海底から湧いてくる化学物質からエネルギーを得て合成され、生きていたのではないかと考えることができるからです。となると気になるのは、現在でも深海底では人知れず新しい生命が生まれているのかどうかですが、これにはさまざまな見解があります。生まれてもすぐにほかの生物に食べられているだろうとも言われています。

熱水噴出孔のまわりには、「チムニー」という塔状の鉱石の突起ができます。

Q
エベレストがむかしは
海の底だったって、本当？

A
地殻変動による大陸の衝突で、
海底が持ち上げられてできました。

エベレストをはじめ、世界中の高山で、海の生物である
アンモナイトや貝のなかまの化石が見つかっています。

Q エベレストがむかしは海の底だったって、本当？

世界一の山は、海底の堆積物が押し上げられてできました。

標高8000mを超えるエベレストは、
海底にたまった砂や泥が固まってできた堆積岩(たいせきがん)でできています。
この場所は、はるかむかしには海の底だったからです。
インド亜大陸は2億年ほど前には赤道を越えたはるか南にあり、
プレート運動によって移動してきて、
4300万年ほど前にユーラシア大陸のいまの場所にぶつかりました。
その間にたまっていた海底の堆積物が押し上げられ、
現在のヒマラヤ山脈ができたのです。

 エベレストが、かつて海だった証拠は見つかっているの？

A イエローバンドやアンモナイトの化石などが見つかっています。

エベレストをつくる岩石からは、アンモナイトなど太古の海に生息していた生物の化石がたくさん発掘されています。また、頂上近くで見られる、いく筋もの黄色っぽい帯状の地層「イエローバンド」は、大むかしの海に生息していた円石藻などのプランクトンの化石です。

大陸はどうやって動くの？

A プレートテクトニクスによって動きます。

地球の表面は厚さ100kmほどの十数枚のプレートと呼ばれる岩盤からできています。新しいプレートは海底の山脈「海嶺」から噴き出すマグマが固まってつくられ、年間数cm～数十cmという速度で移動し、「海溝」で別のプレートの下へ潜りこんで消滅します。こうした岩盤の動きが「プレートテクトニクス」です。

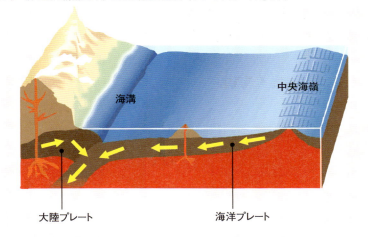

 プレートは地球上にいくつあるの？

A 大きなものは14～15枚です。

地殻をつくっているプレートは大きなもので14～15枚あります。最大のプレートは太平洋プレートで、面積は1億km^{2}を超えます。日本列島のまわりには、北アメリカプレート、太平洋プレート、ユーラシアプレート、フィリピン海プレートという4枚のプレートが集まっています。

Q 幻の大陸「ジーランディア」は本当にあったの？

美しいサンゴ礁が広がるリゾート、ニューカレドニアは、ジーランディアの北端でした。

A
はっきりしたことは分かっていませんが、
可能性はあります。

Q 幻の大陸「ジーランディア」は本当にあったの？

ジーランディア大陸は、第7の大陸だったかもしれない。

ジーランディアは、ニュージーランドやニューカレドニア島と
4つの海台（海底にできた台地）からなっています。
複数の地点から大陸の材料である花崗岩が採取されたことなどから
「第七の大陸だったのでは？」と注目されています。
約8000万年前にはオーストラリアの東にくっつき、
巨大なゴンドワナ大陸の一部だったと考えられますが、
海面に顔を出した陸地だったのか、それとも海中の大陸棚だったのか、
はっきりしたことは分かっていません。

ムー大陸は本当にあったの？

A あくまでも伝説と考えられています。

1万2000年前、太平洋の大部分を占めていた大陸が高度な文明と共に海に沈み、残った陸地がハワイなどの南太平洋の島々になったとするムー大陸伝説。最近の調査では、ハワイからイースター島へ至る太平洋の海底の地層は水平につながっており、大陥没の痕跡は見られないそうです。いまでは単なる伝説と考えられています。

エローラ石窟寺院周辺の台地。インドのデカン高原は、玄武岩でできた海底が隆起してできました。

Q2 では、アトランティス大陸は本当にあったの？

A やはり伝説と考えられています。

古代ギリシアの哲学者・プラトンにより、ジブラルタル海峡前面の大西洋に沈んだと語られるアトランティス大陸ですが、海底の地質調査で、同海域に大陸の大規模陥没の痕跡はないことが明らかにされています。一説によると、伝説は、紀元前1600年頃、地中海のサントリーニ島で起きた大噴火の言い伝えではないかとも言われています。

Q3 今後、大陸が沈む可能性はあるの？

A ありません。

地質学的に言えば、「花崗岩」でできたものが大陸で、「玄武岩」でできたものが海底です。花崗岩は玄武岩より軽いので、地殻変動によって玄武岩より上に乗ろうとします。重力がある中では、その方が互いに安定するからです。したがって、地質学的に言えば、軽い大陸が沈むことはないことになります。

花崗岩（左）と玄武岩（右）。

Q 島はどうやってできるの？

鹿児島県の桜島は、以前は陸地とは切り離された本当の「火山島」でした。いまなお、噴火を続けています。

Q 島はどうやってできるの？

海底火山の噴火で、マグマが積み重なると島になります。

島のでき方にはいろいろありますが、
ほとんどの島は海底火山の噴火により、
マグマが積み重なって島になった火山島です。
ハワイ諸島や日本列島もこれに分類されます。
ほかには、地殻変動で海底が隆起してできた隆起島、
逆に陸地が沈降して一部分だけが海面に顔を出した沈降島、
サンゴが作り出したサンゴ島などがあります。

世界でいちばん新しい島は？

A 小笠原諸島の西之島新島です。

世界でいちばん新しい島は、実は日本の島で、2013年11月10日に小笠原諸島・西之島近くの海底火山が噴火して誕生した西之島新島です。その後、大きく成長して旧西之島とつながり、現在は一体化しています。

北西　　火山が順番にできていった　　南東
①ニイハウ島　③オアフ島　　　　⑥ハワイ島
　②カウアイ島　④モロカイ島　⑤マウイ島　マウナロア
　　　　　　　　　　　　　　　　　　　　キラウエア
太平洋プレート
太平洋プレートがマントルを押し広げる
ハワイ・ホットスポット
マントル

マグマの通り道であるハワイ・ホットスポットの上を太平洋プレートが移動し、ニイハウ島からハワイ島まで順番に火山が生まれました。ハワイ諸島が南東から北東へ向かってほぼ一直線に並んでいるのは、そのためです。

ニュージーランド・北島にある海洋活火山のホワイト島。世界でもっともアクセスしやすい活火山の1つです。

島と大陸はなにが違うの？

A　オーストラリア大陸より小さな陸地が「島」です。

海洋法に関する国際連合条約では、島とは「自然に形成された陸地」であり、「水に囲まれ」「満潮時においても水面上にあるもの」と規定されています。世界的にみれば、オーストラリア大陸より小さな陸地を「島」と呼ぶのが一般的で、最大の島はグリーンランドとされています。

グリーンランド　面積 216万6000km²

オーストラリア　面積 769万2000km²

オーストラリアの面積はグリーンランドの約3.6倍

日本に島はいくつあるの？

A　6852島です。

昭和62年時点で、海上保安庁が、北海道・本州・四国・九州を含めた日本の構成島数を6852島と発表しています。ただし、日本の領海内で、海洋法に関する国際連合条約の基準どおりに島を数えると無数に存在するので、この数は「周囲が0.1km以上のもの」など、独自の基準でカウントされたものです。

長崎県佐世保市の石岳展望台から望む九十九島。谷間に水が入り込み、高い陸地が水面に顔を出してできた多島海です。

Q
サンゴ礁は
どうやってできるの？

A
サンゴの骨格が、長い時間を
かけて積み重なってできます。

サンゴ礁に群れるキンギョハナダイ。エジプトの
紅海は、知る人ぞ知るダイビングスポットです。

Q サンゴ礁はどうやってできるの？

サンゴの体を保護する骨格が、成長しながら積み重なりました。

サンゴ礁は、サンゴ虫の群体がつくり出したもの。
サンゴ虫は自らの体を保護するために、
海中の二酸化炭素をとり込んで、
炭酸カルシウムを分泌して石灰質の外骨格をつくります。
群体が成長するにつれ、古い骨格の上に新しい骨格が積み重なり、
長い時間をかけて堆積してサンゴ礁が形成されるのです。

サンゴ礁の形態に種類はあるの？

A 成長段階でみると、「裾礁（きょしょう）」「堡礁（はしょう）」「環礁（かんしょう）」があります。

サンゴ礁の多くは南方の火山島を取り囲んで周囲の浅い海で育ちます。これが「裾礁」。プレートの移動などで島が沈み始めると、サンゴは太陽光を求めて上に成長し、海上に頭を出す島のてっぺんを囲む輪となり「堡礁」になります。島が完全に水没すると、サンゴ礁の輪だけが海上に残り「環礁」になります。

サンゴ礁の形態

裾礁

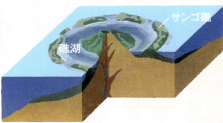

堡礁

ウィットサンデー諸島（オーストラリア）の裾礁。

環礁

Q2 サンゴがきれいな色をしているのはなぜ？

A サンゴの体に共生する褐虫藻のおかげです。

サンゴの体には褐虫藻という藻の仲間がたくさん住んでいます。褐虫藻が光合成によってつくり出した有機物はサンゴの栄養になり、褐虫藻はサンゴの体に守られ、サンゴの老廃物から光合成に必要な栄養塩類をもらっています。サンゴのさまざまな明るい色合いは、この褐虫藻のおかげなのです。

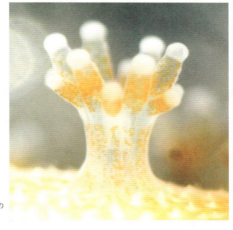

トゲサンゴ (Seriatopora hystrix) のポリプに共生している褐虫藻。

Q3 珊瑚礁は、さまざまな生き物の隠れ家になっているって、本当？

A 本当です。

栄養分が少なく「海の砂漠」とも言われる熱帯の海域において、サンゴ礁では、オアシスさながらの豊かな生態系が築かれています。褐虫藻が光合成でつくり出した有機物がもとになって豊富な栄養分がつくり出されるため、礁に守られたラグーンでは、無脊椎動物から色あざやかな魚まで、多くの生き物が見られます。

沖縄・阿嘉島のコクテンフグ。カラフルな魚が、サンゴ礁を隠れみのにして生活しています。

Q
サンゴ礁がつくった
絶景を教えて。

インド洋に浮かぶ、モルディブの南マレー環礁。無数の環礁や裾礁、堡礁がネックレスのように連なっています。

A
モルディブやパラオの
サンゴ礁は必見です。

> Q サンゴ礁がつくった絶景を教えて。

「インド洋の真珠」モルディブ、ロックアイランドが必見のパラオ。

インドの南西約600kmの洋上に散らばるモルディブ諸島は、大小1200もの島々で構成される26の環礁からなります。青い海に点在する、白砂輝くラグーンを囲むサンゴの輪は、「インド洋の真珠」と称されています。
ミクロネシアの海で大小200以上の島々が浮かぶパラオも豊かなサンゴ礁に囲まれています。ロックアイランドでは、古代のサンゴ礁が隆起した島々と、それを囲む現生のサンゴ礁が美しい景観を織りなしています。

Q 世界最大のサンゴ礁はどこ？
A オーストラリアのグレートバリア・リーフです。

オーストラリア東岸に約2000kmもの長さで続くグレートバリア・リーフは、世界最大のサンゴ礁群です。350種以上のサンゴが群生し、面積はおよそ35万km^2で、日本の総面積に匹敵するほどの広さです。

上空から撮影した世界最大のサンゴ礁、グレートバリア・リーフ。

高水温で白化したエダサンゴ。沖縄や小笠原などの日本の海でも、サンゴの白化現象が発見されています。

 サンゴの白化現象ってなに？

A 水温でサンゴが白くなる現象です。

海水温が異常に高くなったりすると、サンゴから褐虫藻が抜け出してしまい、サンゴの色が白っぽくなってしまいます。これが「白化現象」で、共生相手がいなくなったサンゴは死んでしまいます。近年、地球温暖化の影響が引き起こす世界規模の白化現象が問題になっています。

 サンゴ礁についてもっと教えて。

 ほとんどの鍾乳洞は、もとはサンゴ礁でした。

鍾乳洞は石灰岩を酸性の水が溶かしてできる地形です。その石灰岩のほとんどが、はるかむかしに南洋の海で育ったサンゴ礁がもとになっています。サンゴ礁が、ときとして厚さ数百mにも成長し、長い時間をかけてプレート運動で運ばれてきて海溝で沈み込んで「付加体」としてくっついたものが、鍾乳洞のもとになっているのです。

岩手県・岩泉町の「龍泉洞」は、日本最大級の鍾乳洞のひとつです。湖水の透明度の高さで有名です。

Q
白い砂浜は
どうやってできるの？

沖縄県の座間味島の海中には、サンゴ
礁由来の白い砂地が広がっています。

A
サンゴや貝殻が細かく砕かれて
できたのがほとんどです。

Q 白い砂浜はどうやってできるの?

侵食されたサンゴ礁の粒子が、堆積して白い砂浜を形成しました。

南の島で見られるような真っ白にきらめく砂浜は、
ほとんどがサンゴ礁からできたものです。
波のすり潰すような動きと、
風水による侵食がサンゴや貝殻を細かく砕き、
その粒子が海岸に堆積物としてゆるく沈殿し砂浜を形成しました。

 白砂の海岸はなぜ南の島に多いの?

A サンゴ礁が多いからです。

サンゴが生息する海は条件が限られます。まず、水温は褐虫藻が活動できる18℃以上であること。つぎに、水深は褐虫藻が光合成を行う光が届く200m未満の浅い海であること。そして、光を遮らない透明な海水であることです。熱帯・亜熱帯の海はサンゴが育つのにピッタリなので、サンゴが多く、サンゴがもとになった白砂の海岸も多いのです。

沖縄・宮古島の与那覇前浜と来間大橋。白砂の美しいビーチが海水浴客に人気です。

星型の砂の正体は？

A　有孔虫という微生物の死骸です。

星砂の正体は海を漂うプランクトンの仲間「有孔虫」です。有孔虫はサンゴと同じように炭酸カルシウムで身を守るために殻をつくっています。有孔虫が死ぬと殻だけが残り、それが砂浜に打ち上げられると星砂になるのです。

沖縄・竹富島では、星砂がお土産品として販売されています。

★COLUMN4★

ヨーロッパの建物の多くは、石灰岩でできている

古くから建築に使われている大理石は石灰岩が変成したものです。大理石は古代ではギリシアのパルテノン神殿、近世ではフランスのヴェルサイユ宮殿などでも使われ、西洋建築には欠かせません。大理石が必ずしも海由来とは限りませんが、表面にサンゴの骨格の模様があればサンゴ礁が起源の証拠となります。

ノートルダム寺院からパリの町を見下ろすガーゴイル像は、大理石から彫られたもの。

海の彩り

身を潜めるサンゴに負けまいと、
色とりどりの衣裳を身にまとった海の生き物たち。
熱帯の海に潜れば、彼らの競演が楽しめます。

ピンク色のピグミーシーホースは、タツノオトシゴの仲間。

サンゴから頭を出すニシキテグリ（mandarin fish）。

伊豆の海でも、カラフルなエビや魚を見つけることができます。

Q 魚はどうやって生まれたの?

モルディブ・アリ環礁の海を悠々
と泳ぐオニイトマキエイ(マンタ)。

Q 魚はどうやって生まれたの？

最古の魚の最大の特徴は、原始的な脊椎があることです。

魚の仲間が初めて地球上に登場したのは、
いまから5億4100万年前に始まるカンブリア紀のこと。
最古の魚・ミクロミンギアは全長3cmながら、
背びれ、エラ、眼などを持っていました。
最大の特徴は原始的な「脊椎」を持っていたことで、
私たち人類にとっても共通の祖先と言えます。
アゴがなく、現生のヤツメウナギなどと同じ無顎類（むがくるい）に分類されます。

Q 魚には、どんな仲間がいるの？

A 大きく5つのグループに分けられます。

魚は一般的には5つのグループに分けられます。原始的な「ヌタウナギ類」と「ヤツメウナギ類」には硬い骨格やアゴがありません。より魚らしい「軟骨魚類」にはサメやエイが属します。「硬骨魚類」にはアジやサバなど現生の魚のほとんどが属し、両生類の一歩手前のシーラカンスやハイギョは「肉鰭類」と呼ばれています。

魚の仲間	
ヌタウナギ類	ヌタウナギ
ヤツメウナギ類	ヤツメウナギ
軟骨魚類（なんこつぎょるい）	サメ、エイ、ギンザメ
硬骨魚類（こうこつぎょるい）	イワシ、マグロ、サケ、カレイ、トビウオ、ウナギなど、現生の魚のほとんど
肉鰭類（にくきるい）	シーラカンス、ハイギョ

ヤツメウナギ　　　　　　　　　ハイギョ

オグロメジロザメとギンガメアジの群れ。サメは軟骨魚類に分類され、硬骨魚類のギンガメアジとは異なる種類です。

 魚はどうして回遊するの？

A エサ、適温、産卵場所などを求めるからです。

魚が生活の状況に合わせて定期的に生息域を移動することを「回遊」と言い、サケやウナギなどのように海と川を行き来する種もいます。回遊をする理由には「エサが豊富な海域を求める」「熱さ冷たさを避ける」「産卵に適した場所に移動する」などがあげられます。

 シーラカンスはなにがすごいの？

 絶滅したはずの種が生きていたからです。

1938年に南アフリカの市場でシーラカンスが発見されたことは生物学上の一大ニュースでした。白亜紀に絶滅したと思われていたからです。陸上動物の手足の原型となる肉質のヒレを持つシーラカンスは古代生物から現生生物へ移り変わる途中段階の生物の化石「移行化石」として知られていました。その現生の姿が見られるとは誰も思っていなかったのです。

静岡県の沼津港深海水族館に展示されているシーラカンスの冷凍個体。

Q 海洋生物の分類を教えて。

夕日をバックにジャンプするハシナガイルカ。小笠原には、数多くの種類のイルカやクジラが生息しています。

A
生活様式の違いで分類できます。

海洋生物の分類を教えて。

泳ぐ「ネクトン」、漂う「プランクトン」、そして、海底にいる「ベントス」です。

海洋生物は生活様式の違いで分類することができます。
「ネクトン」は自分で泳げる生物で、魚やクジラ、イカなどが属しています。
「プランクトン」は海中を漂う生物で、
植物プランクトン、動物プランクトン、バクテリア、クラゲなどです。
「ベントス」は海の底にいるイソギンチャクやウニ、カニ、ゴカイなどです。
ちなみに、海底付近を泳ぐヒラメやカレイは、
「ネクトベントス」と言い、ベントスに含まれます。

① 海にも哺乳類はいるの？

A イルカやクジラ、アザラシなどは哺乳類です。

哺乳類の中には、進化の過程で水の中に生活の場を広げたものがいて、「海獣（かいじゅう）」と呼ばれます。水中生活に最も特化したのはクジラの仲間で、水の浮力に支えられて地球最大の生物になったシロナガスクジラやイルカが属します。ほかにはアザラシ、アシカ、ジュゴン、マナティ、ラッコなども海獣の仲間です。

海で泳ぐフロリダマナティは、大型海生哺乳類です。

サンゴは植物なの？

A 動物です。

サンゴはクラゲと同じ刺胞動物門（しほうどうぶつもん）というグループに属する動物です。卵からかえると、幼生は泳いで棲むところを探し定着して成長します。共生相手の褐虫藻から栄養をもらうほか、触手で動物性プランクトンを捕まえて食べる肉食動物です。多くのサンゴが満月の頃を待って一斉に産卵します。

オホーツク海に生息するクリオネは、可憐な見た目から、一時人気になりました。

クリオネの正体は?

A ハダカカメガイの仲間です。

「流氷の天使」とも言われるクリオネは、巻貝の仲間です。正式な名前は「ハダカカメガイ」と言います。貝殻は成長と共に消失してお馴染みの姿になります。見かけによらず肉食で、エサの「ミジンウキマイマイ」などが近づくと、頭頂部から6本の触手を伸ばして捕獲します。その姿は思いのほかにホラーです。

★COLUMN5★

潮汐リズムに同調

海の生き物の多くは、潮の満ち引きのリズムに同調して生きています。シオマネキは上げ潮のときは穴の中にいて、潮が引くと穴から出てきてエサを探し始めます。カニを実験室に連れ帰ると、干潮の時間帯に活発になることが観察されています。また、ウミガメは、夜、砂浜に上陸して産卵をしますが、潮の満ち引きが大きい砂浜では満潮に合わせて上陸します。そして、卵が波をかぶったり流されたりしないよう、満潮線より上に産卵するのです。

石垣島のサンゴの産卵の様子。

Q 深海にも生物はいるの？

深海には、初夏に舞うヒメボタルのように、発光物質のルシフェリンを持つ生物がたくさんいます。

A
深海は生物の広大な生活圏です。

Q 深海にも生物はいるの？

世界最深部の約11000mにも、生物が棲んでいます。

深海は生物が棲むには過酷な環境です。
水圧は水深が10m増すごとに1気圧ずつ増え、
1000mでは約101気圧にもなり、人間の体は簡単に潰れてしまいます。
また、光の届かない暗黒の世界は水温も低くなります。
1830年代までは、約550mより深くには、生物が棲めないと考えられていましたが、
現在は、世界最深部の約11000mにも生物がいることが分かっています。
海洋の90%以上を占める200m以深の深海は、広大な未知の生活圏なのです。

① 深海にも食べ物はあるの？

A 「マリンスノー」が栄養を運びます。

200m以深の深海では、植物プランクトンが光合成をすることができません。その深海に栄養を届けているのは「マリンスノー」です。これは植物プランクトンやそれを食べた生物の死骸やフンのかたまり。沈みゆく過程でさまざまな生物に食べられたり分解されたりしながら、深海まで及ぶのです。

② 深海生物が発光するのはなぜ？

A 5つほどの役割があると考えられます。

発光する深海生物は、発光物質のルシフェリンを酵素のルシフェラーゼで酸化して発光します。発光には5つほどの役割があると考えられています。それは「①光で身を隠す」「②敵の目をくらます」「③仲間と交信する」「④まわりを照らす」「⑤餌をおびき寄せる」の5つです。

ヒカリキンメダイは、目の下の発光器を表にしたり裏にしたりして、光を点滅させています。

体が薄いトガリムネエソは、腹部の発光器を光らせて影を消して、敵から身を隠します。

深海の魚が怖い顔をしているのはなぜ？

A 少ないエサを効率的に獲るために、
独自に進化したからと考えられます。

深海はエサになる生物が少ない奪い合いの世界。わずかなチャンスに出会ったら、確実にモノにしなければ生き残れません。獲物を確実に仕留めるには、アゴや牙を発達させる方が有利になります。その結果、生存競争に勝ち残った種が、いかつい怖い顔をしているのだと考えられています。

ミツクリザメは、エイリアンのようにアゴを
前方に飛び出させて補食します。

Q
海の食物連鎖について教えて。

海の食物連鎖の頂点に立つ
シャチは、クジラの仲間です。

A
植物プランクトンから始まり、
頂点はサメなどです。

Q 海の食物連鎖について教えて。

1次生産者は植物プランクトンで、動物プランクトンや魚が消費者。

太陽エネルギーを利用して栄養分をつくるのが「1次生産者」。
その大部分は植物プランクトンで、
その植物プランクトンを「1次消費者」の動物プランクトンが食べ、
動物プランクトンを「2次消費者」の魚が食べ……と、
上位になればなるほど捕食者のサイズは大きくなります。
地球最大の生物シロナガスクジラは、体は大きいですが、
実は動物プランクトンを食べる2次消費者です。

 サメはどうやって獲物を捕まえるの？

A 獲物の察知・攻撃に優れた戦略を駆使します。

サメ界最強のホホジロザメの場合、獲物を察知するときは、聴覚・嗅覚・視覚・振動の感知のほか、獲物が発するわずかな電流を捉えることもできます。獲物に死角から近づき一気に襲います。アザラシなど大きな獲物の場合は、18tもの力を出す強力なアゴで深手を負わせ、息絶えた頃に戻って捕食します。

オットセイを捕食するホホジロザメ。

Q2 サメは食べるばかりなの?

A 死んだ後、その栄養はほかの生物に利用されます。

サメなど最上位の捕食者も死んだ後は、その栄養がほかの生物に利用されます。このとき、重要な役目を担うのがバクテリアです。彼らは、サメも含め、すべての遺骸を分解し、植物の光合成に欠かせない栄養塩類を水中に放出します。植物プランクトンはこれを再び利用して光合成を行い、有機物をつくるのです。

Q3 太陽光の届かない深海に生態系はあるの?

A 「化学合成生態系」が知られています。

海底の熱水噴出孔から噴出する硫化水素やメタンから有機物を生産する「化学合成細菌」が、植物プランクトンの代わりとなって食物連鎖が成り立つ「化学合成生態系」が知られています。同じように太陽光に頼らない生態系は、海底に沈んだ死んだクジラの骨や湧水孔の周囲でも見られます。

深海に棲むエビの1種。

深海生物 / 化学合成細菌 / 硫化水素・メタン

★COLUMN6★
生態系を脅かす物質

毎年800万t以上もの廃プラスチックが海流や風に乗って世界中の海を漂っています。これらは自然に分解されることがありません。直径5mm以下の細かい小片は「マイクロプラスチック」と呼ばれ、回収することもできないゴミとなっています。動物プランクトンの大きさと変わらないため、海洋生物が間違って食べると体内に溜まり、食物連鎖によって、最終的に私たち人間が食べることになります。マイクロプラスチックは、いまや地球規模の脅威と捉えられているのです。

マイクロプラスチックは、日本の海岸にもたくさん漂着しています。

Q
ペンギンは、
なぜ海での生活を選んだの？

フォークランド諸島（南大西洋上にあるイギリス領）の
砂浜を歩く、キングペンギンの群れ。

A
南極周辺では、海に潜ったほうが
食べ物をたくさん得られたからです。

Q ペンギンは、なぜ海での生活を選んだの？

ペンギンが潜水上手なのは、南極の海にエサが豊富だから。

鳥の仲間で、生活の場を海へ移したグループを「海鳥」と言います。
ペンギンは、その中でも潜水能力を最も高めた鳥です。
南半球は、北半球と違って海がとても広く、
ペンギンの生息数の多い南極周辺の海はオキアミや小魚が豊富です。
空で生きるよりも海に潜ったほうが食べ物をたくさん得ることができたので、
飛ぶことを捨て、潜水の専門家になったのです。

Q ペンギンの潜水能力はどれくらい？

A コウテイペンギンは500m以上潜れます。

ペンギンは水中で羽ばたき、翼を打ち下げるときと打ち上げるときの両方で進むことができます。そのために矢のように潜水をすることできます。ちなみに、潜水が最も得意なのはコウテイペンギン。500m以上の深さまで潜ることができ、20分以上も潜水を続けられます。

東京・池袋のサンシャイン水族館では、泳ぐペンギンの姿を真下から見ることができるように工夫されています。

Q. ほかにも海に潜れる海鳥はいるの？

A. カモメは少しだけ潜ることができます。

身近な海鳥であるカモメも、小魚や動物プランクトンを食べるために海に潜ることができますが、潜る深さはせいぜい1mです。ウミスズメやウミガラスの仲間はペンギンほど上手ではありませんが、水中で羽ばたいて潜ることができ、ハシブトウミガラスは深さ136mまで潜ったという記録があります。

パフィン（ニシツノメドリ）は、北大西洋と北極海に生息する、ウミスズメのなかまです。

Q. 海鳥はみんな潜ることができるの？

A. アホウドリは潜ることができません。

その代わり飛ぶ能力がとても高く、羽ばたきをしないで風を上手にとらえて、長時間滑空することができます。潜ることができないので、海に浮いているものを食べるしかなく、そのため、できるだけエネルギーを使わないで長時間空にとどまるようにして、海上のエサを探しているのです。

大海原の上空を飛ぶハシジロアホウドリ。海風を利用して滑空する能力にすぐれています。

Q 漁業はいつ頃から始まったの？

鳥取県の境港漁港。日本のような海の領土が広い国では、漁業が盛んです。

A
先史時代にはすでに
行われていました。

> Q 漁業はいつ頃から始まったの？

日本では、水産物を獲る技術が縄文期にめざましく発達しました。

人類が先史時代から多種多様な魚を食べていたことは、
世界各地、日本各地で発見されている遺跡や
貝塚の調査から明らかになっています。
日本では縄文期に水産物を獲る技術がめざましく発達し、
釣針、ヤス、モリ、網などの道具が開発されました。
貝塚からはマイワシ、カタクチイワシなどの小さな骨から、
70〜80cmもあるような大型のタイなどの骨が出土しています。

Q 魚がたくさん獲れるのはどんなところ？

A 寒流と暖流が出会う「潮目（しおめ）」です。

寒流と暖流が出会う「潮目」は、寒流の栄養と暖流の暖かさで植物プランクトンが育ち好漁場になります。黒潮と親潮の出会う「三陸沖」、メキシコ湾流とラブラドル海流によるカナダの「グランドバンク」、北大西洋海流と東グリーンランド海流による「北東大西洋海域」は、「世界の三大漁場」と呼ばれています。

世界三大漁場

マグロ漁はどんなところで行われているの?

A ほとんどが遠洋漁業で獲られています。

マグロ類は沿岸から外洋まで、熱帯から亜寒帯まで世界中の海に広く分布し、猛スピードで大回遊しています。そのため漁場も世界の海に広がっています。日本の漁船は、天然マグロのほとんどを大西洋、地中海、オーストラリア沖、ニュージーランド沖、赤道地域などの遠洋漁業で獲っています。

遠洋マグロ漁業の基地として歴史のある静岡県の焼津港。正月には大漁旗がはためきます。

 ## 排他的経済水域ってなに?

A 沿岸から200海里（1海里＝1852m）の水域のことです。

1994年に発効した「海の憲法」と言われる「国連海洋法条約」では、海岸沿いの決められた線から12海里を「領海」、200海里を「排他的経済水域」と定めています。沿岸国は、排他的経済水域の天然資源について排他的な管轄権を持ち、他国の漁船は入漁料を払ったりしなければ、この水域では漁ができない決まりになっています。

★COLUMN7

人と海が共存する里海（さとうみ）

「里山」とは、山村近くにあって、人が利用し手をかけることで保全もされてきた森林のこと。この考えを海に当てはめたのが「里海」です。例えば、岡山県の日生は海草の一種であるアマモの里海。かつて、瀬戸内海の汚染や埋め立てで減少したアマモ場を漁民たちが種を播いて30年かけて再生したところ、魚介類の漁獲高が増加し、カキ養殖の生産も安定しました。日本各地で取り組まれている里海づくりは、世界にも広がりつつあります。

日生諸島のカキの養殖場。カキの殻が海底に堆積すると、生物が棲むのによい環境が作り出されます。

Q
世界ではどれくらい魚が獲られているの？

ウナギの稚魚はシラスウナギと呼ばれます。四万十川（高知県）では伝統的にシラスウナギ漁が行われていましたが、近年は不漁が続いています。

A
漁業・養殖業の生産量はおよそ2億tです。

Q 世界ではどれくらい魚が獲られているの？

日本が世界の生産量トップだった1980年のおよそ2.7倍です。

2016年の漁業・養殖業の生産量は、2億224万tでした。
これはかつて日本が生産量で世界第一位だった
1980年に比べておよそ2.7倍です。
とりわけ養殖業が急激に伸びていて、
漁船による漁業は1980年代後半から横ばいです。
漁船による漁業は中国がトップに立ち、1735万tは世界19%のシェア。
次いでインドネシア、ベトナムといった新興国が続きます。
日本、EU、アメリカなどは過去20年ほど、おおむね横ばいから減少傾向です。

 魚を食べる人は、世界で増えているの？

 食用魚介類の総供給量は50年前の5倍です。

世界の食用魚介類の総供給量は、2013年は約1億3300万t。約50年前の1961年の2750万トンの実に約5倍です。人口増加に加え、健康志向の高まりや、途上国・新興国での食生活の変化で1人当たり摂取量が増え、それを支える流通システムが発達したことが背景に挙げられます。

主要国別供給量の推移

(単位：万t)

	1961	1970	1980	1990	2000	2010	2012	2013	増減率 (%) 2013/1961	増減率 (%) 2013/2012
世界	2,748	3,961	5,047	7,105	9,574	12,714	13,303	13,293	383.8	▲0.1
中国	284	309	432	1,217	3,082	4,373	4,775	4,775	1584.1	0.0
EU（28ヵ国）	562	711	722	899	1,014	1,154	1,132	1,145	103.7	1.1
インドネシア	93	119	176	267	431	655	704	704	656.4	0.0
アメリカ	247	304	358	557	627	680	677	688	179.2	1.6
インド	85	156	217	326	466	690	631	631	641.5	0.0
日本	476	636	767	880	853	677	661	628	32	▲4.9
その他	1,002	1,726	2,376	2,959	3,101	4,486	4,723	4,721	371.3	▲0.0

日本以外の国：FAO「Food Balance Sheets」(日本以外の国)　日本：農林水産省「食糧需給表」
＊中国は香港、マカオおよび台湾を除く数値

② このままだと海の魚は食べ尽くされてしまうの？

A 水産資源の31%が過剰に乱獲されています。

FAO（国連食糧農業機関）によると、2013年時点で水産資源の実に31%が過剰に乱獲されていると報告されています。水産資源を将来にわたって保存・利用していくためには、適切な資源管理が必要とされ、特に広い海域を回遊するカツオ、マグロを中心に、漁獲規制などの国際的な取り組みが行われています。

宮城県・三陸沖のカツオ1本釣り漁。カツオは、漁獲規制対象の1つです。

③ 最新の水産技術にはどんなものがあるの？

A 漁業での人工知能の活用が検討されています。

漁業では、魚群探知機の先を行く、IoTやAIを駆使した「海を把握する技術」がより発展していくとみられます。また、これからの水産需要を満たす上で期待される養殖業では、資源の減少が懸念されるクロマグロやニホンウナギの人工授精による稚魚の量産技術の開発が進められています。

★COLUMN8★

ニホンウナギの完全養殖

ニホンウナギは、「絶滅する危険性が高い絶滅危惧種」として、レッドリストに掲載されています。

資源の減少が懸念されるニホンウナギ。「養殖があるのになんて？」と思うかもしれませんが、現在の養殖ウナギは天然の稚魚をつかまえて育てる"半"天然ものです。養殖ウナギが生んだ卵から育てる「完全養殖」は極めて難しく、実験室レベルで成功したのは、2010年になってからのこと。実用化には、成長の過程で絶滅危惧種のサメの卵を食べるエサの問題などを解決しないといけません。

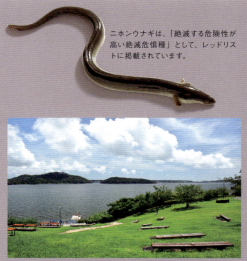

ウナギの養殖で有名な浜名湖（静岡県）。

Q
海の力は利用できないの？

A
エコロジーの観点から、
海洋エネルギーや洋上風力発電が
注目されています。

イギリス、リンカーンシャー州の風力発電装置。海上には、強い風が吹いています。

Q 海の力は利用できないの？

海洋エネルギーは巨大で、再生可能な自然エネルギーです。

広大な海が持つエネルギーは巨大です。
しかも、そのすべては太陽の活動や
地球の自転活動により発生する再生可能な自然エネルギー。
海洋エネルギーは、ほかの自然エネルギーに比べて、
季節や天候にあまり左右されないものが多いメリットもあります。
ことに日本はまわりを海に囲まれ、海岸線の長さは約34000kmにも及びます。
海洋エネルギー利用には大変有利な環境にあるのです。

Q 海洋エネルギーを利用した発電には、どんな種類があるの？

A 波力、海流、潮汐、海洋温度差を利用したものがあります。

寄せては返す波の力でタービンを回して発電する「波力発電」、潮の流れでタービンを回す「潮流発電」、干潮と満潮のときの海面の高さの差を利用する「潮汐発電」、太陽で温まった海の表面水と冷たい深海水の温度差を利用する「海洋温度差発電」があります。

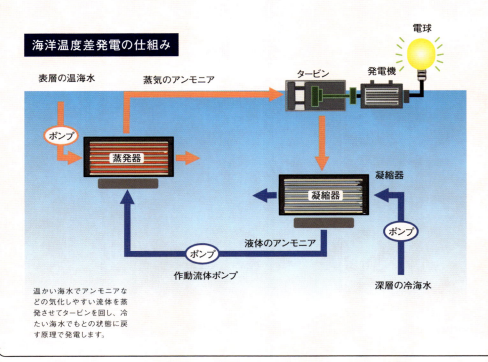

海洋温度差発電の仕組み

温かい海水でアンモニアなどの気化しやすい流体を蒸発させてタービンを回し、冷たい海水でもとの状態に戻す原理で発電します。

海洋エネルギーでどれくらい発電できるの？

 ポテンシャルは、波力だけでも大手電力会社10社分です。

新エネルギー・産業技術総合開発機構（NEDO）の「NEDO 再生可能エネルギー技術白書 第2版」によると、どこまで利用できるかはともかく、日本近海の海洋エネルギーのポテンシャルについて、波力だけでも195GWと試算されています。これは大手電力会社10社の総発電量に相当します。同様に海流は205GW、潮流は22GWと試算されています。

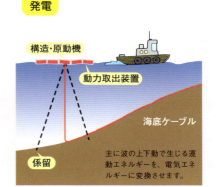

導入は進んでいるの？

国内では実証実験までです。

いずれの海洋エネルギーも、国内では導入に向けた研究が進められている段階です。例えば、海流発電には、鹿児島県・口之島沖の黒潮で実際に発電を行うなど、実証研究まで行われているものもあります。海外では赤道付近のパラオ共和国のように、海洋温度差発電のシステムを利用して実際に発電している国もあります。

鹿児島県・口之島沖で行われた、海流発電の実証試験に向けた準備作業の様子。

出典：国立研究開発法人新エネルギー・産業技術総合開発機構（NEDO）

Q 海底からどれくらいの石油を掘っているの？

海底油田の炎と夕陽。海底には、まだまだ石油が埋蔵されていると言われています。

A
石油生産量全体の約3分の1です。

Q 海底からどれくらいの石油を掘っているの？

将来、深海や北極圏の油田開発が期待されています。

現在の石油生産量のうち約3分の1は、
海底下から掘り出されたものと言われています。
油田開発はもともと陸地から始まり次第に海へと進出しました。
技術的には3000mの海底下からも掘り出すことが可能ですが、
現在、採掘されているものの多くは浅い海から掘り出した石油です。
ちなみに、今後、陸地や浅い海の油田が枯渇したときに、
水深300m以深の深海や北極圏の海底油田から掘り出せるのは、
これまでに人類が利用してきたすべての石油の量の
3分の1ほどと見積もられています。

① 海の底には、石油以外にどんな資源があるの？

A レアメタルが含まれている「マンガン団塊」などがあります。

海底には鉄とマンガンでできた玉「マンガン団塊」が転がっている場所があります。この玉にニッケルやコバルトなど希少な金属「レアメタル」が含まれています。また、ハイテク産業に不可欠な「レアアース」を含む泥が堆積している場所もあります。日本では南鳥島周辺の海底から、これらの資源が見つかっています。

レアアースはレアメタルの1種で、希土類元素とも言います。レアアースの1つで、テルビウムは、鉄とコバルトとの合金が光磁気ディスクの磁性膜の材料として使われます。

② 海底資源についてもっと教えて！

A 金属を大量に含む「海底熱水鉱床」があります。

海底の割れ目からしみこんだ海水は、マグマの熱で熱せられると数百℃にもなります。この熱水に岩石中のさまざまな金属が溶けこみ、海底に再び噴出するときに、冷えた金属が煙突のような塊である「チムニー」になるのです。チムニーには有用な金属が大量に含まれ、巨大なものになると、1本で鉱山1個分にもなると言います。

Q3 ほかにも特徴的な海底資源はないの?

A 「燃える氷」と呼ばれるメタンハイドレートがあります。

「メタン」とは天然ガスの主成分で、都市ガスなどに使われます。水分子のカゴに閉じ込められたものを「メタンハイドレート」と言います。水とメタンが低温・高圧の状態におかれたときにできます。日本近海の海底下には、メタンハイドレートが埋もれている場所があり、将来的な国産エネルギー資源として期待されています。

メタンハイドレートは、氷のような見た目から「燃える氷」と呼ばれています。

Q4 海洋資源はいいことずくめなの?

A 引き上げるのに莫大な費用がかかります。

水深が深いところにある海底資源は、海面に引き上げるのに莫大な費用がかかり、なかなか採算が取れませんが、近年、枯渇が取り沙汰される銅が「マンガン団塊」に豊富に含まれていることが分かりました。枯渇により銅の価値が上がると、採算性が出てくるのではないかと見直されています。

メタンハイドレートが分布すると推定される海域

- 比較的浅いところにある「表層型」の存在の可能性が高い海域
- MH21の調査で存在が確実または有力とされた海域

メタンハイドレート資源開発研究コンソーシアム（MH21）、明治大学などの調査をもとに作成

★COLUMN9★
栄養豊富な海洋深層水の可能性って?

海の表層は、窒素、リン酸、カリなどの栄養分をプランクトンなどの生物がみんな食べてしまい貧栄養の状態になっています。栄養が豊富なのは、実は生物が少ない水深200m以下。このような水を「深層水」と言い、日本では1980年代から汲み上げてさまざまな用途に利用しています。例えば、昆布やアワビ、魚の養殖などに使うと、早く大きく成長させることができます。最近では美肌効果の期待できる化粧品やお酒、お風呂のお湯などにも利用されています。

海の癒し

古来、美しい海は"癒しの場"として利用されてきました。
世界各地のビーチリゾートは、
日常に疲れた人々の憧れの的です。

ギリシャ・サントリーニ島の青い海に映える白壁の教会。

ニューカレドニア島の水上コテージは、ハネムーンに人気。

メキシコ・カンクンはカリブ海随一の人気リゾート。

Q
古代の人は
どうやって
航海して
いたの？

A
エジプト人は
帆船で海に
進出しました。

エジプトの古代遺跡に刻まれたナイルのパピルス（葦）と舟のレリーフ。この舟はやがて帆船になりました。

Q 古代の人はどうやって航海していたの?

エジプト人は板張りの帆船で地中海へと乗り出しました。

ナイル川を葦の舟で行き来していた古代エジプト人は、
紀元前3500年頃に「帆」を発明しました。
地中海からの風が、上流へと吹き上げているので、
川をさかのぼるのに都合が良かったのです。
葦の舟は、やがて、帆を広げた板張りの船となり、
この帆船がエジプト人たちの活動域を地中海へと
飛躍させることになりました。
紀元前2475年頃のサフラー王のレリーフには、
二脚式の帆柱をもつ海上船団の姿が描かれています。

エジプトのほかに、海で活躍していたのは?

A 「海の民」と呼ばれたフェニキア人が、地中海で広く交易を行いました。

エジプトの勢力が衰え、紀元前900年頃から地中海の主導権を握ったのがフェニキア人です。彼らは、船底に「キール(竜骨)」を備え、隙間にタールやアスファルトを詰めた堅固な船を乗りこなしました。西アフリカ沿岸にまで進出して盛んに交易を行い、カルタゴ(いまのチュニジア)など、各地に植民市をつくりました。

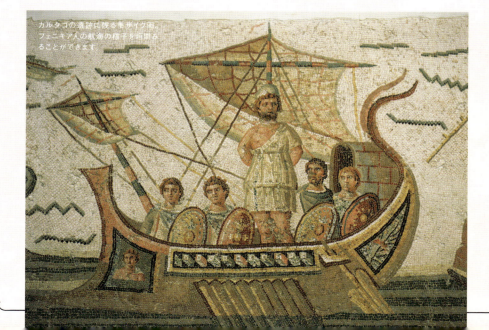

カルタゴの遺跡に残るモザイク画。フェニキア人の航海の様子を垣間見ることができます。

Q2 ヴァイキングが海の上で活躍したのはなぜ？

A 卓越した操船技術をもっていたからです。

「ヴァイキング」と呼ばれる海賊は、薄い板を貼り合わせた軽い高速船「ロング・シップ」を操り、8世紀半ばからヨーロッパを荒らし回って、ついにはイングランドを征服しました。彼らは、現在の北欧・スカンディナヴィア半島に生まれ、周囲を囲む荒れた北の海で操船技術を鍛え、なんと北米大陸まで船足を伸ばしていたと言います。

復元されたヴァイキングの船。

Q3 最初にハワイへ渡ったのはどんな人たち？

A 先史時代のラピタ人です。

ラピタ人は、4000年ほど前にニューギニアのあたりに出現した人たちで、起源はアジアにあると考えられています。アジアからこの地域へは4～6万年前の寒冷期にすでに人が渡っていたと考えられています。ラピタ人は向かい風でも帆走できる高い操船技術でポリネシアの島々に渡り、ハワイへは1500年ほど前に到達したと言われています。

Q
大航海時代は、
どのようにして始まったの？

A
スペインやポルトガルが、
「東方貿易」の新ルートを
求めたのがきっかけです。

ポルトガルのリスボンにある記念碑・発見のモニュメント。ヴァスコ・ダ・ガマやバルトロメウ・ディアス、エンリケ航海王子など、大航海時代の立役者の姿が刻まれています。

Q 大航海時代は、どのようにして始まったの?

イタリア独壇場の香辛料取引に、新ルートの開拓で挑みました。

大航海時代は、スペインとポルトガルによる
東方貿易の新たなルートを見つける試みから始まりました。
インドや東南アジアで栽培される香辛料を主要な商品とするもので、
当時は、地中海を経由するイタリア商人の独壇場になっていました。
新たなルートの開拓を後押ししたものには、
地中海と北欧の優れた造船技術が組み合わさって帆船が進化したことや、
羅針盤や銃砲などの新しい技術が航海の助けになったこともありました。

① 大航海時代の立役者を教えて。

A マゼランでしょう。地球が1周できることを証明しました。

16世紀初め、マゼラン指揮下の船隊は、スペインから西回りで現在のインドネシアにある香料諸島にたどり着き、3年あまりをかけて帰還しました。マゼラン自身を含め、多くの船員が命を落とした困難な航海でしたが、広大な太平洋を発見し、地球が1周できることを証明した歴史的意義のある世界周航だったのです。

② 大航海時代以前は、地球はどのような形をしていると考えられていたの?

A 一部の知識人は、地球が丸いということを知っていました。

地球が丸いことを最初に唱えたのは、紀元前6世紀頃のギリシア人です。丸みを帯びた水平線から推測したと言われています。また、コロンブスはイタリアの天文学者トスカネッリから、西へ行けばインドにたどり着けると聞き航海を決意したと言います。ちなみに、紀元前3世紀にはギリシア人のエラトステネスが、2地点の太陽の角度の違いから地球の直径を約4万kmと計算しています。

千葉県・銚子市にある「地球の丸く見える丘展望館」からのパノラマ風景。360度海が見え、地球が丸いことを実感することができます。

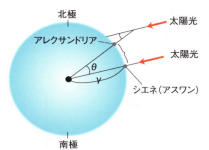

エジプトの都市シエネで太陽が真上にある夏至の正午に、800km離れたアレクサンドリアにある日時計の形づくる影の長さを測り、地球の中心角を、そして半径を導き出しました。これは、「地球は丸い」という前提に基づいていました。

大航海時代が後世に与えた影響は？

A 新大陸の発見と新しい交易ルートの確立です。

コロンブスは大西洋を横断して新大陸アメリカ発見の端緒を開き、ヴァスコ・ダ・ガマはアフリカ大陸南端をまわりインドへ向かう航路を確立しました。マゼランが通った海路は20世紀に入るまで大西洋と太平洋を結ぶ唯一の道でしたし、クックは幻の南方大陸「オーストラリア」を発見するなど、当時の太平洋の謎をいくつも解き明かしました。

クックの肖像が描かれたオーストラリアの切手。

シドニーのハイドパークには、クックの銅像が建っています。

★COLUMN 10★

経度の測定を可能にした「時計職人」

海上で東西の位置を知る「経度」の測定方法は長らくなく、イギリスでは1714年に2万ポンドもの賞金で公募が行われました。これに応えた1人が時計職人のジョン・ハリソン。船上でも狂わない時計「クロノメーター」を作り、就航先で正午に時計を見れば、母港との時差が分かることから、経度の測定を可能にしました。開発には40年余りかかりましたが、「1日に10分は狂う」という当時の時計の常識を覆し、誤差は6週間でたった5秒。みごと賞金を射止めたのです。

ジョン・ハリソンの発明したクロノメーターをモチーフにした切手。

ヴェネツィアと並ぶ海洋都市だったジェノヴァ（イタリア）の港にはガレー船が展示されています。実際に中に入って見学をすることもできます。

Q 古代には海で、どのような戦いがあったの？

A
紀元前480年の「サラミスの海戦」では「ガレー船」が活躍しました。

古代には海で、どのような戦いがあったの？

帆とオールを備えたガレー船の「衝角（しょうかく）」で攻撃しました。

古代地中海では、帆とオールを備えた「ガレー船」同士が戦いました。紀元前480年、ギリシア都市国家連合艦隊200隻は、サラミス海峡で、ペルシア帝国の艦隊1000隻を迎え撃ちました。ギリシアのトライリーム（三段櫂船（さんだんかいせん））は狭い海峡で機動力を発揮し、船首に突き出した「衝角」で敵船体に穴を開けて沈没させ巨大艦隊を撃破しました。この「サラミスの海戦」の勝利が、ペルシアの覇権からギリシア都市国家を解放させたのです。

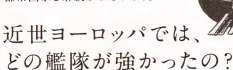

衝角

Q 近世ヨーロッパでは、どの艦隊が強かったの？

A 「アルマダの戦い」では、当時無敵のスペインがイギリスに破れました。

1588年、当時、最強の海洋帝国スペインはイギリス侵攻に乗り出しました。海軍の整備に熱心なエリザベス女王を叩くためでした。ところが、船足が速く砲戦が得意なイギリス艦隊は、砲撃のあとに敵船に乗り移るスペイン得意の戦い方をさせず、英仏海峡のグラヴリンヌにおいて無敵艦隊（アルマダ）を撃ち破ったのです。

神聖同盟艦隊の主力だったヴェネツィアは、当時、海洋都市として栄華を誇っていました。

Q2 海戦で大砲が登場したのは、いつ頃？

A 「レパントの海戦」では火力の差が勝敗を分けました。

1571年、キリスト教徒の神聖同盟艦隊は、オスマン帝国の艦隊とギリシア西部のレパント沖で激突しました。16世紀のはじめ頃は軍船へ火力の導入が進んでいた時代で、神聖同盟側は大砲や火縄銃の装備が厚く、東地中海を圧倒していたオスマン艦隊に勝利し、イスラム勢力の西方への圧力をしのぐことができたのです。

Q3 有名な「トラファルガーの戦い」ってどんな海戦？

A 皇帝ナポレオンが制海権を失った戦いです。

ナポレオンがヨーロッパ支配を進めていた1805年、スペイン南部トラファルガー岬沖でフランス・スペイン連合艦隊33隻とイギリス艦隊27隻が激突しました。イギリス艦隊を率いるネルソン提督は連合艦隊を戦列突破で分断する戦術を取り勝利。以後、イギリスは世界での海上優位を確立したのです。

イギリス・ロンドンのトラファルガー広場には、ネルソン記念柱が立っています。

★COLUMN11★
日本史に残る名高い海戦 壇ノ浦の戦い

1185年、源氏と平家は、関門海峡の海上で決戦の場を迎えました。両軍が使うのは櫂を使った小型船。はじめ平家方は引き潮の流れを利用して源氏に攻めかかります。接近戦が互角のまま推移するうち、やがて、潮の流れは逆向きに。源氏を率いた源義経はこの変化を予測していました。自軍に有利となった潮の流れを利用し源氏は勝利。日本の支配をめぐった治承・寿永の乱は終わりを迎え、源氏は武家政権を樹立したのです。

風師山展望台(福岡県)から望む関門海峡。壇ノ浦は、関門海峡の最も狭い部分にありました。

Q
チャレンジャー号の
探検航海について教えて。

チャレンジャー号は1875年4月に横浜に入港し、6月まで停泊しました。

A
海洋学の基礎を作った
19世紀の探検航海です。

Q チャレンジャー号の探検航海について教えて。

英軍艦「チャレンジャー号」で、地球1周の調査航海を行いました。

1872〜1876年、イギリス王立協会の命を受けた5人の科学者が、
英軍艦「チャレンジャー号」で地球1周の調査航海を行いました。
海洋、特に深海を調べ、深海に生物がいるかどうかを確かめるのが目的で、
約125,000kmの航海で360地点以上の測深と海底堆積物のサンプル採取を行い、
7000体以上の生物標本を持ち帰りました。
全50巻におよぶ調査結果は、いまでも研究者に利用されています。

探検航海で、どんなことが分かったの？

A 深海にも生物がいることが分かりました。

生物標本には、水深5720mから採取された生きたままの生物も含まれ、これらから深海や海溝にも生物がいることが実証されました。測深した最深部は8190mで、大西洋の真ん中が浅いことも突き止めました。この「中央海嶺」の発見が、のちのプレートテクトニクスの考えにつながったのです。

チャレンジャー号は、イギリスのポーツマス港を1872年に出港しました。
(『チャレンジャー・レポート』より)

チャレンジャー号の航路

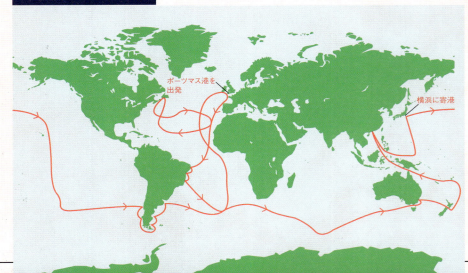

ポーツマス港を出発

横浜に寄港

チャレンジャー号はなにを採集したの？

A　グロビゲリナ軟泥と呼ばれる海底の堆積物などです。

「グロビゲリナ」とは、「タウマキガイ」という海の中を漂っている有孔虫の一種です。石灰質の殻を持っていて、死ぬとその遺骸がほかの有孔虫の遺骸と一緒に堆積して、柔らかい泥になります。チャレンジャー号は「ドレッジ」と呼ばれる箱で海底をさらって採集し、深海底にも生物が生息していることを証明しました。

地中海の島国・マルタの巨大神殿に使われている石灰岩。グロビゲリナ軟泥が含まれています。

ほかに、有名な探検航海はないの？

A　ビーグル号が有名です。
　　調査結果からダーウィンが進化論を生み出しました。

1831〜1836年にかけて行われた英軍艦「ビーグル号」の海洋調査には、チャールズ・ダーウィンが乗り込んでいました。南米の海岸線の地質と生物の調査に多くの時間を費やし、帰還後、資料の調査・考察を続け、1859年に『種の起源』を発表しました。

ダーウィンが『種の起源』を執筆するきっかけにもなったガラパゴス・ゾウガメ。

Q
海とのコラボで
有名な建造物を教えて。

モン・サン・ミッシェルと夕焼け。
古来、巡礼者が絶えません。

A
フランスの「モン・サン・ミッシェル」が有名です。

海とのコラボで有名な建造物を教えて。

小島に建つ修道院は、まるで海に浮かんでいるようです。

フランス西海岸、サン・マロ湾に建つ修道院「モン・サン・ミッシェル」は、
世界中から観光客が訪れる人気の世界遺産です。
8世紀に大天使ミカエル（サン・ミッシェル）の夢のお告げにより
築かれたとされ、以来、巡礼の地として栄えてきました。
周囲900mの小島に修道院が一体化し、
天空に尖塔がそびえる光景はまるで絵本の中の世界のようです。
海岸から橋を歩いて渡れば、中世の旅人の気分が味わえます。

Q ほかに海とのコラボが素敵な建物はない？

A ヴェネツィアの街並み、バリ島のタナロット寺院などがあります。

イタリア・アドリア海のラグーナに築かれたヴェネツィアは、「水の都」とも呼ばれる世界的に有名な水上都市。運河を行き交うゴンドラから眺める美しい街並みが人気です。また、バリ島（インドネシア）のタナロット寺院は、海に浮かぶ岩のような小島に建つ、海の神を祀る寺院。旅行者には「世界でいちばん美しい夕景スポット」としても知られます。

夕陽を背景に浮かび上がる、タナロット寺院のシルエット。

ゴールデンゲートブリッジとサンフランシスコの夜景。

Q2 世界的に有名な美しい港を教えて。

A 「世界三大美港」があります。

人によって評価は分かれますが、一般的な世界三大美港はゴールデンゲートブリッジをくぐる迫力の景観が楽しめるサンフランシスコ（アメリカ）、コルコバードの丘からキリスト像が見下ろすリオ・デ・ジャネイロ（ブラジル）、オペラハウスがシンボルとなるシドニー（オーストラリア）です。

Q3 巨大な人工島を教えて。

A ドバイの「パーム・ジュメイラ」が世界最大です。

アラブ首長国連邦（UAE）では、首都ドバイ近郊のペルシャ湾の海上にヤシの木の形をした巨大人工島「パーム・ジュメイラ」が浮かんでいます。その大きさは宇宙から見えるほど。産油国UAEでは将来の原油の枯渇に備えて観光に力を入れていてリゾート開発として建設されたものです。

上空から見るとヤシの木（パーム）のような形をした「パーム・ジュメイラ」。ホテルや別荘、集合住宅などが建っています。

海を愛したヘミングウェイは、『老人と海』をキューバのコヒマルという町で執筆しました。海が見える「La Terraza de Cojimar」というこのレストランが気に入り、足繁く通っていたそうです。

Q
海が舞台になった
有名な文学作品は？

A
古代ギリシアの『オデュッセイア』から、現代の『老人と海』までさまざまです。

Q 海が舞台になった有名な文学作品は?

古今東西の文学者が海から インスピレーションを受けました。

紀元前にはホメロスの叙事詩『オデュッセイア』があり、大航海時代以降は、海洋文学も盛んになりました。デフォーの『ロビンソン・クルーソー』、スウィフトの『ガリバー旅行記』は世界中の海で覇権を握ったイギリスの作品。アメリカではメルヴィルの『白鯨』、ヘミングウェイの『老人と海』が有名です。『海底二万里』はフランス人ベルヌのSF小説で、『コン・ティキ号探検記』はノルウェーの探検家、ヘイエルダールによる大ベストセラーです。

Q 日本にも、海をテーマにした文学はある?

A 『万葉集』では、海に関する歌が数多く詠まれています。

『万葉集』4536首中53首は海に関する歌だという説もあります。また江戸時代の俳人・松尾芭蕉は、『奥の細道』で、かつて潟湖として美しい景色を誇った象潟を訪れて句を残していますが、日本三景の1つ・松島は、その美しさに圧倒されて、歌に残すことができませんでした。明治以降の作品としては、葉山嘉樹『海に生くる人々』、小林多喜二『蟹工船』、井伏鱒二『ジョン万次郎漂流記』などが挙げられます。

松尾芭蕉は宮城県松島を訪れますが、「大自然をつくりだした天のはたらきのこの見事さは、いかに絵筆をふるって描き出そうとしても、いかに言葉を尽くして詩文に表現しようとしても、とうていできるものではない」と、歌に詠むことを断念しています。

モネの代表作『印象・日の出』。

  海を描いた絵画作品を教えて。

  モネの『印象・日の出』が有名です。

「印象派」の由来となったモネの『印象・日の出』が有名です。光の画家・ターナーは『戦艦テメレール号』など、海の絵を多く描いています。日本では、葛飾北斎が浮世絵『富嶽三十六景』で、海をはじめとした日本の津々浦々の風景を描き出しました。

葛飾北斎『富嶽三十六景』の一図「神奈川沖浪裏」。北斎の浮世絵は、フランスをはじめとした西洋で高く評価され、「ジャポニズム」に大きな影響を与えました。

  海が印象的な映画を教えて。

  『ジョーズ』や『グラン・ブルー』では、物語の大部分が海を舞台に繰り広げられます。

素潜り競争を描いた『グラン・ブルー』、人食いザメの恐怖を描いた『ジョーズ』のほかにも、地中海ヨットクルーズが印象的な『太陽がいっぱい』、ローマ軍のガレー船が登場する『ベン・ハー』などがあります。近年では、大ヒットした『パイレーツ・オブ・カリビアン』シリーズや豪華客船の沈没を背景にした恋愛映画『タイタニック』が挙げられます。

Q
有名な海の神様を教えて。

ポセイドン神殿のある、ギリシアのスニオン岬に沈む夕日。

A
ギリシア神話の
「ポセイドン」などが有名です。

Q 有名な海の神様を教えて。

海の神様「オケアノス」は「海」の語源にもなりました。

「ポセイドン」はギリシア神話に登場する海の神様です。
兄弟神であるゼウス、ハデスと世界を3つに分割したときに
海を任されることになりました。
手にした三又の鉾「トライデント」で
海をかき回して波を起こすことができるとされています。
ギリシア神話はエーゲ海に広がる島々に、
エジプトやメソポタミアの影響も受けながら花開いた物語で、
ポセイドンのほかにも英語「オーシャン」の語源になった「オケアノス」など
多くの海の神様が登場します。

メソポタミアにも海の神様はいる？

A 原初の海洋母神が描かれています。

最古の文字を発明したとされるシュメール人の神話によると、原初の海洋母神「ナンム」が、その海底に眠っていた大地の神エンキを目覚めさせたことで大地が姿を現したとされています。このように、海がすべての始まりとするイメージは、ほかの地域の神話でもしばしば見受けられます。

シュメールの神が彫られたレリーフ。

イタリア・フィレンツェ、シニョーリア広場の噴水。水と関わりがあるため、ヨーロッパの噴水の装飾には、ネプチューンの像がよく使われます。ローマ神話において、ネプチューンはポセイドンと同一視されています。

アイスランド・レイニスドランガルの海岸にそびえる玄武岩。アイスランドには、北欧神話を想起させる風景が広がります。

Q2 ヴァイキングの神話に海は描かれている?

A 海のもとになった巨人「ユミル」が登場します。

北欧神話集『エッダ』には海の始まりが描かれています。巨人「ユミル」は、原初の虚無に積もった氷が溶けた水滴から生まれます。後に生まれた三兄弟神オーディン、ヴィリ、ヴィーはユミルに戦いを挑み、これに勝利します。三神はユミルの体から世界を創造し、海は血潮から創られたとされています。

Q3 太平洋の島々の海の神様を教えて。

A 海の神であり創造神である「タガロア」がいます。

ポリネシアで広く信仰される海の神「タガロア」は、多くの地域で創造神と見なされています。たとえば、トンガ諸島では原初の海から島々を釣り上げたのがタガロアとされています。島々はタガロアやその他の神々の命令によって木や草に覆われ、動物が棲むようになり、トンガ諸島になったとされています。

トンガの巨石文明の遺跡、ハアモンガ。航海の安全を祈るための祭祀場跡という説もありますが、いまも謎に包まれています。

宗像大社(福岡県)の中津宮には、宗像三神の次女、タギツヒメが祀られています。

Q 日本の神話にも海は登場もするの？

A 有名な「国生み神話」は海をめぐる物語です。

Q 日本の神話にも海は登場するの？

「イザナギ」と「イザナミ」が最初の島を海から造りました。

イザナギとイザナミは天の神々から
「この漂える国をおさめ固め成せ」と仰せつかります。
二神が天の浮橋から下に広がるもやの中を
天のぬほこで「塩こおろこおろに」かき混ぜて引き上げると、
ぬほこの先から塩水がしたたり、これが固まって最初の島になりました。
このオノゴロジマに天降った二神は、結婚して、
日本の国土である大八島(おおやしま)を産み、神々を産んだとされています。

 日本の神話にはどんな海の神様がいるの？

A たくさんいますが、有名な「スサノオ」は
海の神になることを拒んでいます。

スサノオは、イザナギが命を落とした妻イザナミと決別。黄泉の国から戻ってみそぎを行なったときに、イザナギの鼻から生まれます。イザナギから海を治めるよう命じられたスサノオは、イザナミのいる黄泉の国へ行きたいと泣きわめき、仕事をしようとしませんでした。そして、ついにはイザナギから海原へ追放されてしまったのです。

スサノオのヤマタノオロチ退治を演目にした
石見神楽。ヤマタノオロチは洪水の化身で、
水を支配する竜神という説もあります

Q2 世界遺産で知られる海神「宗像三神」はどんな神様?

A 航海の守り神として信仰されるアマテラスの娘です。

解任されたスサノオは姉アマテラスに暇乞いに行きます。邪心がないとウケイ（誓約）を行う際、アマテラスが口をすすいだ清水をスサノオの剣に吹きかけたときに生まれたのが宗像三神の「タゴリヒメ」「タギツヒメ」「イチキシマヒメ」です。遣隋使・遣唐使の派遣基地・筑前宗像郡に祀られたため、航海の守り神として信仰されました。

沖ノ島は、玄界灘に浮かぶ女人禁制の島です。

Q3 ほかにも航海の守り神はいる?

A 「住吉三神」がいます。

黄泉の国から戻ったイザナギがみそぎを行なった際に、「ソコツツノオ」「ナカツツノオ」「ウワツツノオ」も生まれました。「住吉三神」と呼ばれるこの神々は、神功皇后が新羅征伐に先立ち宣託を求めた際に、その航海の加護を約束したことから、軍事・外交に関する航海の守り神として信仰されるようになりました。

★COLUMN12★

「補陀落渡海」という修行の形態

日本の仏教では平安時代から江戸時代にかけて「補陀落渡海」という修行が行われていました。南方にある観音菩薩が住まう浄土を目指して、僧が小さな屋形船に乗りこみ、外から釘を打って出られなくして、海に船出する捨身行です。屋形船は最後に沈んでいったと思われますが、和歌山県・熊野の那智浜は、その出発点として知られています。

那智補陀洛山寺の補陀落渡海舟は、渡海僧が乗りこんだ船を復元したものです。

Q 地球以外の星に海はあるの？

エウロパから見た木星（イメージ）。エウロパには、液体の海が存在するかもしれません。

A
土星の衛星「タイタン」には
メタンの海があります。

Q 地球以外の星に海はあるの?

土星の衛星、タイタンには、地表面に流体の海があります。

土星の衛星「タイタン」にはメタンの海が広がっていることが分かっています。メタンは常温では気体ですが、タイタンの地表面の気温はメタンが液体として存在できるマイナス180℃。メタンの蒸気でできた積乱雲も見つかっているので、そこではおそらくメタンが雨として降り、メタンの川が流れ、メタンの海が広がっていると考えられています。

60以上の衛星が発見されている土星。

Q 地球以外に水の海がある星はないの?

A 木星の衛星には、氷の下に水の海が広がっているようです。

木星の衛星「エウロパ」の表面は厚さ3kmの氷で覆われていますが、氷の下に液体の海が広がっている証拠が得られています。また、土星の衛星「エンケラドス」は、氷に覆われた地表の割れ目から水蒸気や氷粒子のジェットが吹き出していて、地下に液体の海と熱源が存在するのではないかと考えられています。

木星には、80近くの衛星が見つかっているが、この4つの衛星はガリレオが発見したことから「ガリレオ衛星」と呼ばれています。

火星の川のイメージ。

Q2 火星にむかし海があったって本当?

A 水が流れていたと考えられる地形が見つかっています。

探査機が詳しく観測した結果、火星表面には、かつて水が流れていたと考えられる地形がいくつも見つかっています。それらの水は、現在は火星の地下で永久凍土のような形で残っていると考えられ、マグマの熱などに熱せられ溶けている場所では、ひょっとしたら微生物がいるのではないかと考える研究者もいます。

Q3 水のある惑星は、地球以外にはないの?

A 太陽系の外の惑星に水があるかもしれません。

惑星は太陽のような中心星(恒星)のまわりを回っています。中心にある恒星の温度が高すぎたり、距離が近すぎると水は蒸発してしまい、逆に温度が低すぎたり、遠すぎると凍ってしまいます。恒星の温度と距離が、液体の水が存在できるのにちょうど良い「ハビタブルゾーン(生命居住可能領域)」にあることが、惑星に生命が存在する1つの条件とされています。太陽系の外にも惑星が続々と見つかっており、今後の研究が期待されています。

人工衛星から見た地球のイメージ。

おわりに

「海の教室」をお読みいただき、ありがとうございました。

知らなかった海の一面を、発見できたでしょうか?
四方を海に囲まれた日本にいると、
比較的簡単に海に会いに行くことができます。
そう、私たちは恵まれた環境にいるのです。

海の魅力は無尽蔵です。
本書で紹介したものは、ほんの一部。
これからも、海に出かけて「自分だけの海」を探してみてください。
美しい地球に生まれた感謝の思いが、
心の底からあふれてくると思います。

監修者プロフィール

藤岡換太郎(ふじおか かんたろう)

1946年京都市生まれ。東京大学理学系大学院修士課程修了。理学博士(東京大学)。専門は地球科学。東京大学海洋研究所助手、海洋科学技術センター深海研究部研究主幹、グローバル・オーシャン・ディベロップメント観測研究部部長、海洋研究開発機構特任上席研究員などを歴任。現在は神奈川大学と放送大学で非常勤講師。潜水調査船「しんかい6500」に51回乗船。三大洋人類初潜航を達成。海底地形名委員会での功績から2012年海上保安庁長官表彰。海洋関係の著書に『海のはなし』(共著、技報堂)『深海底の科学』(NHKブックス)『海の科学がわかる本』(共著、成山堂)『海はどうしてできたのか』(講談社ブルーバックス)『海がわかる57の話』(誠文堂新光社)『相模湾 深海の八景—知られざる世界を探る』(有隣堂)『深海底の地球科学』(朝倉書店)『THE DEEP SEA日本一深い駿河湾』(静岡新聞社)など多数。

主な参考文献

『海がわかる57のはなし』藤岡換太郎著 誠文堂新光社
『ダイナミック地球図鑑 海洋』ステファン・ハチンソン、ローレンス・E.ホーキンス著 新樹社
『海洋学』ポール・R.ピネ著 東海大学出版会
『海のすべて 海誕生の謎,海流と気象,海洋資源,そして深海の世界まで ニュートンムック』ニュートンプレス
『世界一おもしろい海洋博物館』中江克己著 PHP研究所
『はじめて学ぶ海洋学』横瀬久芳著 朝倉書店
『海水の疑問50(みんなが知りたいシリーズ4)』日本海水学会編、上ノ山周編著 成山堂書店
海の教科書 波の不思議から海洋大循環まで』柏野祐二著 講談社
『サンゴとサンゴ礁のはなし—南の海のふしぎな生態系』本川達雄著 中央公論新社
『深海がまるごとわかる本』地球科学研究倶楽部編 学研パブリッシング
『図解 知識ゼロからの現代漁業入門』濱田武士著 家の光協会

*紹介した内容の中には、諸説あるものもあります。

クレジット一覧

カバー：YASUSHI TANIKADO/SEBUN PHOTO/amanaimages
P1：NOCTILUCA ／ PIXTA(ピクスタ)
P2：masa ／ PIXTA(ピクスタ)
P4：マサキ ／ PIXTA(ピクスタ)
P6：Mitsushi Okada/orion/amanaimages
P8左：安ちゃん／PIXTA(ピクスタ)　右：Ogasawara-Photo ／ PIXTA(ピクスタ)
P9上：くーちゃん ／ PIXTA(ピクスタ)　下：Anesthesia ／ PIXTA(ピクスタ)
P10：Angelo Cavalli/robertharding/amanaimages
P12：BlackMac ／ Shutterstock.com
P13：沖縄の海塩 ぬちまーす
P14：TOSHITAKA MORITA/SEBUN PHOTO/amanaimages
P16：Honu ／ PIXTA(ピクスタ)
P17：タカユキ ／ PIXTA(ピクスタ)
P18：HIDEKI NAWATE/SEBUN PHOTO/amanaimages
P21上：花火 ／ PIXTA(ピクスタ)　下：cworthy
P22：TAKESHI FUKAZAWA/SEBUN PHOTO/amanaimages
P25：Bildagentur Zoonar GmbH ／ PIXTA(ピクスタ)
P26：AKIKO TAKAHASHI/SEBUN PHOTO/amanaimages
P28：Mps197
P29上：daj/amanaimages　下：akiyam2626 ／ PIXTA(ピクスタ)
P30：Mitsushi Okada/orion/amanaimages
P32：attiarndt ／ PIXTA(ピクスタ)
P34：SHIGEYUKI UENISHI/a.collectionRF ／ amanaimages
P36上：bitoku ／ PIXTA(ピクスタ)　下：三志郎 ／ PIXTA(ピクスタ)
P37：Yoshitaka ／ PIXTA(ピクスタ)
P38：HIDEKI NAWATE/SEBUN PHOTO/amanaimages
P40：みやび ／ PIXTA(ピクスタ)
P41：Neil Bromhall
P42：Michael S.Nolan/amanaimages
P44：YASUSHI TANIKADO/SEBUN PHOTO/amanaimages
P45上：Sergio Pitamitz/robertharding/amanaimages　下：feathercollector
P46：MASAMI GOTO/SEBUN PHOTO/amanaimages
P48：道東観光開発株式会社
P49：道東観光開発株式会社
P50上：Jag_cz ／ PIXTA(ピクスタ)　下：freeangle ／ PIXTA(ピクスタ)
P51上：Art Photo AYA ／ PIXTA(ピクスタ)　下：Yoshitaka ／ PIXTA(ピクスタ)
P52：Michael Runkel/robertharding/amanaimages
P54：kamchatka ／ PIXTA(ピクスタ)
P55上：tanbou ／ PIXTA(ピクスタ)　下：毎日新聞社/アフロ
P56：HIDEO ISHII/SEBUN PHOTO/amanaimages
P58：秋AKI ／ PIXTA(ピクスタ)
P60：HIDETO SASAMOTO/SEBUN PHOTO/amanaimages
P63上：NORMA JOSEPH/Alamy Stock Photo/amanaimages　下左：vvoe　下右：Sakdinon Kadchiangsaen
P64：HIROYUKI YAMAGUCHI/SEBUN PHOTO/amanaimages
P66：Gudella ／ PIXTA(ピクスタ)
P67：nob baba ／ PIXTA(ピクスタ)
P68：IPLAN/SEBUN PHOTO/amanaimages
P70　Tanya Puntti
P71上：新里宙也　下：ぷっちょ写ライフ ／ PIXTA(ピクスタ)
P72：YOSHITAKA MASUMI/SEBUN PHOTO/amanaimages
P74：ADINA TOVY/SEBUN PHOTO/amanaimages
P75上：Ogasawara-Photo ／ PIXTA(ピクスタ)　下：ちゃりメラマン ／ PIXTA(ピクスタ)
P76：Yusuke Okada/a.collectionRF/amanaimages

P78：y.sue / PIXTA(ピクスタ)
P79上：MTK / PIXTA(ピクスタ)　下：けんさん / PIXTA(ピクスタ)
P80：海遊人 / PIXTA(ピクスタ)
P81上：Andrea Izzotti / PIXTA(ピクスタ)　下：sakaboo5812 / PIXTA(ピクスタ)
P82：YASUAKI KAGII/SEBUN PHOTO/amanaimages
P84左：Andrei Nekrassov　右：Panaiotidi
P85上：Peter Hannan/Nature Partners/amanaimages　下：秘書 / PIXTA(ピクスタ)
P86：minami toshio/nature pro./amanaimages
P88：YUKIHIRO FUKUDA/orion /amanaimages
P89上：northsan / PIXTA(ピクスタ)　下：EMI / PIXTA(ピクスタ)
P90：TETSUYA TAGAWA/a.collectionRF/amanaimages
P92：Ardea/アフロ
P93上：Photoshot/amanaimages　下：Photoshot/amanaimages
P94：Gerard Lacz/amanaimages
P96：David Jenkins/robertharding/amanaimages
P97上：MR.Yanukit　下：Gabriele Wahl
P98：Yusuke Okada/a.collectionRF/amanaimages
P100：二匹の魚 / PIXTA(ピクスタ)
P101上：Nero Productions / PIXTA(ピクスタ)　下：feathercollector / PIXTA(ピクスタ)
P102：AKIO YAMAMOTO/a.collectionRF/amanaimages
P105上：さなえ / PIXTA(ピクスタ)　下：YB1998 / PIXTA(ピクスタ)
P106：Shinobu Soga/a.collectionRF /amanaimages
P109上：Hiroshi Takeuchi/MarinepressJapan/amanaimages　中：kazoka　下：s_fukumura / PIXTA(ピクスタ)
P110：Monty Rakusen/Image Source RF/amanaimages
P113：国立研究開発法人新エネルギー・産業技術総合開発機構（NEDO）
P114：GUY MARCHE/SEBUN PHOTO/amanaimages
P116：GAOS/orion/amanaimages
P117：nomo / PIXTA(ピクスタ)
P118：YOSHIHIRO TAKADA/SEBUN PHOTO /amanaimages
P119上：ヒデ / PIXTA(ピクスタ)　下：リッキー / PIXTA(ピクスタ)
P120：TAKASHI KATAHIRA/SEBUN PHOTO/amanaimages
P122：TRAVELPIX/SEBUN PHOTO/amanaimages
P123：David Lomax/Robert Harding/amanaimages
P124：YOSHIHIRO TAKADA/a.collectionRF/amanaimages
P126：小野真志 / PIXTA(ピクスタ)
P127上左：neftali/Shutterstock.com　上右：Maurizio De Mattei　下：Boris15/Shutterstock.com
P128：sora / PIXTA(ピクスタ)
P130上：pio3　下：ヒデ / PIXTA(ピクスタ)
P131上：amaguma / PIXTA(ピクスタ)　下：grandspy / PIXTA(ピクスタ)
P132：TETSURO SATO/SEBUN PHOTO/amanaimages
P135上：Serg Zastavkin　下：TAKESHI / PIXTA(ピクスタ)
P136：Radius Images/amanaimages
P138：aksenovko / PIXTA(ピクスタ)
P139上：vichie81 / PIXTA(ピクスタ)　下：Lukas Gojda / PIXTA(ピクスタ)
P140：ケリー / PIXTA(ピクスタ)
P142：MASAAKI TANAKA/SEBUN PHOTO /amanaimages
P143上：akg-images/アフロ　下：MACHIRO TANAKA/SEBUN PHOTO /amanaimages
P144：DAVID BALL/SEBUN PHOTO/amanaimages
P146左：Kamira　右：rabbit75_pix / PIXTA(ピクスタ)
P147上：devilkae / PIXTA(ピクスタ)　下：YONEO MORITA/SEBUN PHOTO /amanaimages
P148：MASANORI YAMANASHI/SEBUN PHOTO /amanaimages
P150：イチ / PIXTA(ピクスタ)
P151上：grandspy / PIXTA(ピクスタ)　下：Kouji Kusumoto/SEBUN PHOTO /amanaimages
P152：Ron Miller/Stocktrek Images/amanaimages
P154上：ツネオMP / PIXTA(ピクスタ)　下：Victor Josan
P155上：Ron Miller/Stocktrek Images/amanaimages　下：MIyabi-K / PIXTA(ピクスタ)
P156：安ちゃん / PIXTA(ピクスタ)
P158：YASUSHI TANIKADO/SEBUN PHOTO/amanaimages
P160：akiyam2626 / PIXTA(ピクスタ)

世界でいちばん素敵な
海の教室

2019年2月20日　第1刷発行
2023年8月1日　第5刷発行

監修	藤岡換太郎（神奈川大学非常勤講師）	発行人	塩見正孝
写真	アマナイメージズ	編集人	神浦高志
	PIXTA	販売営業	小川仙丈
	Shutterstock		中村崇
	アフロ		神浦絢子
	沖縄の海塩 ぬちまーす		
	道東観光開発株式会社		
	新里宙也		
	国立研究開発法人新エネルギー・産業技術総合開発機構（NEDO）	印刷・製本	図書印刷株式会社
装丁	公平恵美	発行	株式会社三才ブックス
デザイン	沖増岳二		〒101-0041
イラスト	タケミツ		東京都千代田区神田須田町2-6-5
文	伊大知崇之		OS'85ビル
協力	ナイスク（http://naisg.com）		TEL：03-3255-7995
	松尾里央		FAX：03-5298-3520
	石川守延		http://www.sansaibooks.co.jp/

facebook
https://www.facebook.com/yozora.kyoshitsu/
Twitter　　@hoshi_kyoshitsu
Instagram　@suteki_na_kyoshitsu

※本書に掲載されている写真・記事などを無断掲載・無断転載することを固く禁じます。
※万一、乱丁・落丁のある場合は小社販売部宛にお送りください。送料小社負担にてお取り替えいたします。

©三才ブックス 2019